台科大圖書 since 1997

木筆五金零件

創意木筆拼接

創意動手做
木製手工筆

汪永文　編著

序

　　文創是時下很熱門的話題，木頭創作便是很吸引人的文創，我們可以雕刻木頭，拿木頭做桌子、椅子、櫃子，拿木頭做筆筒、文具盒、筆架等文具用品，木頭做出來的東西耐用、有質感又好看。

　　製作木筆在歐美國家算是很受歡迎的 DIY 活動，而這一股風潮近年來也流行到台灣，台灣從南到北有許多工坊提供木筆 DIY 製作的活動，讓有興趣的民眾可以歡歡喜喜地製作一枝獨一無二的木筆。也有許多學校已經購置車製木筆的機具設備，實際教導學生製作木筆。

　　製作木筆所需要的零組件，台灣早就是世界主要製造國家之一，台灣廠商生產筆套件外銷到世界各地，現在也有部分內銷，目前在台灣買到的木筆套件，除了國內製造，也有許多是從大陸或是其他國家進口的。筆的種類很多，有鉛筆、毛筆、鋼筆、鋼珠筆、彩色筆、白板筆、粉筆、蠟筆……等，廠商會以常用的筆（鉛筆、鋼筆、鋼珠筆）開發製作木筆所需要的零組件，目前市場銷售的木筆套件，起碼有 100 種以上。

　　本書以基本款原子筆套件為範例，讓學生從基本學起，希望能夠引起學生學習興趣並進一步追求更高技術的木筆創作，所以書後再補上木頭拼接技巧、橫紋亂紋的車法技巧、錐形襯套應用技巧，希望這些內容能夠對想要更精進學習的學生有所助益。

目錄

0 微課 前置作業
- **0-1** 機器 — 6
- **0-2** 器具 — 8
- **0-3** 材料 — 12

1 微課 車製木筆的準備工作
- **1-1** 木頭備料 — 16
- **1-2** 木頭鑽孔 — 16
- **1-3** 塞銅管 — 24
- **1-4** 木管端面整平 — 30

2 微課 車製木筆
- **2-1** 固定木管在車床上 — 36
- **2-2** 調整刀架位置 — 39
- **2-3** 木管車削 — 40

3 微課 車製木筆的後續美化
- **3-1** 砂磨 — 52
- **3-2** 上漆 — 54
- **3-3** 上蠟 — 55
- **3-4** 取下木管準備組合 — 56

微課 4 木筆組裝

- **4-1** 預排組合位置　　　　　　　58
- **4-2** 選擇組裝的工具　　　　　　58
- **4-3** 組裝　　　　　　　　　　　60

微課 5 鋼筆的車製與組裝

- **5-1** 鋼筆車製　　　　　　　　　71
- **5-2** 鋼筆砂磨與拋光　　　　　　74
- **5-3** 鋼筆組裝　　　　　　　　　76
- **5-4** 其他鋼筆作品　　　　　　　82

微課 6 自動鉛筆的組裝

- **6-1** 自動鉛筆套件介紹　　　　　86
- **6-2** 自動鉛筆組裝　　　　　　　87
- **6-3** 其他自動鉛筆作品　　　　　90

附錄

- **附錄 1** 木頭拼接　　　　　　　　96
- **附錄 2** 橫紋亂紋的車法　　　　 101
- **附錄 3** 錐形襯套應用　　　　　 107
- **附錄 4** 木筆雕刻　　　　　　　 110

前置作業

0 微課

製作木筆在歐美國家算是很受歡迎的 DIY 活動，而這一股風潮近年來也流行到台灣，台灣從南到北有許多工坊提供木筆 DIY 製作的活動，讓有興趣的民眾可以歡歡喜喜地製作一枝獨一無二的木筆。也有許多學校已經購置車製木筆的機具設備，實際教導學生製作木筆。

製作木筆最主要的機器與技術是木工車床操作,就是使用木工車床來加工木頭材料,如圖 1-1 所示,木工車床操作又叫木工旋盤、木旋、車枳、車軼…,英文名稱是 woodturning,因為車床車製出來的木頭形狀基本上是圓柱形,正好符合筆桿一般就是圓柱形,將圓柱形木頭結合筆套件,就可以作出一枝有木頭材質的書寫用筆。

除了木工車床操作外,製作木筆還有鑽孔、膠合、砂磨、上蠟等技能,這些技能比較簡單,也會在本書中一併說明。

▼ 圖 0-1　木工車床操作

現在就讓我們來欣賞幾枝木筆作品：

原子筆：雙管、黑柿木

自動鉛筆：單管、黑柿木＋柚木

自動鉛筆：單管、非洲花梨木＋黑柿木

自動鉛筆：雙管、相思木

鋼筆：黃檀木

原子筆：雙管、黑柿木拼接竹子

製作木筆大略分成下列 4 個階段：

Step 1 車製木筆的準備工作

　　(1) 木頭備料
　　(2) 木頭鑽孔形成木管
　　(3) 木管塞銅管
　　(4) 木管端面整平

Step 2 車製木筆

　　(1) 固定木管在車床上
　　(2) 調整刀架位置
　　(3) 木管車削

Step 3 車製木筆的後續美化

　　(1) 砂磨
　　(2) 上漆
　　(3) 上蠟
　　(4) 拋光

Step 4 木筆組裝

　　(1) 排好木筆管與零組件的組裝位置
　　(2) 將各個零組件依序與木筆管進行壓接組合

上述 4 個階段分別會使用到各種機器、器具與材料，讓我們先初步認識一下，待各階段進行操作和使用時再詳細說明。

發揮創意來製作一枝有個人特色的木製筆吧！！

0-1 機器

1 木工車床

用途：車製木筆外型

 戴口罩防粉塵

 護目鏡保護眼鏡

 不可戴手套避免被機器絞入

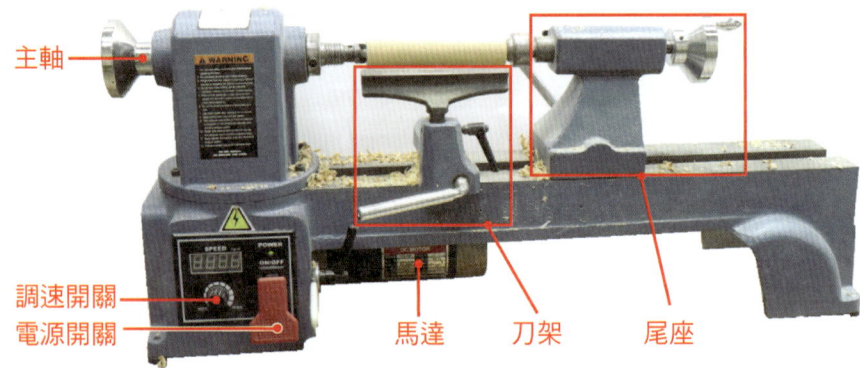

▲ 圖 0-2　木工車床構造

2 鑽床

用途：鑽孔

 戴口罩防粉塵

 護目鏡保護眼鏡

 不可戴手套避免被機器絞入

▲ 圖 0-3　鑽床構造

③ **砂盤機、砂帶機**

用途：修整及砂磨用

戴口罩防粉塵

護目鏡保護眼鏡

▲ 圖 0-4　砂盤機與砂帶機

④ **砂輪機**

用途：磨車刀用

戴口罩防粉塵

護目鏡保護眼鏡

不可戴手套避免被機器絞入

▲ 圖 0-5　砂輪機

0-2 器具

1 車刀

用途：車製木筆的車刀主要用圓刀。西式圓刀的前端研磨形狀較圓，車削時與木頭接觸面較小。台式圓刀的前端研磨形狀較平，車削時與木頭接觸面較大，切削量較多。

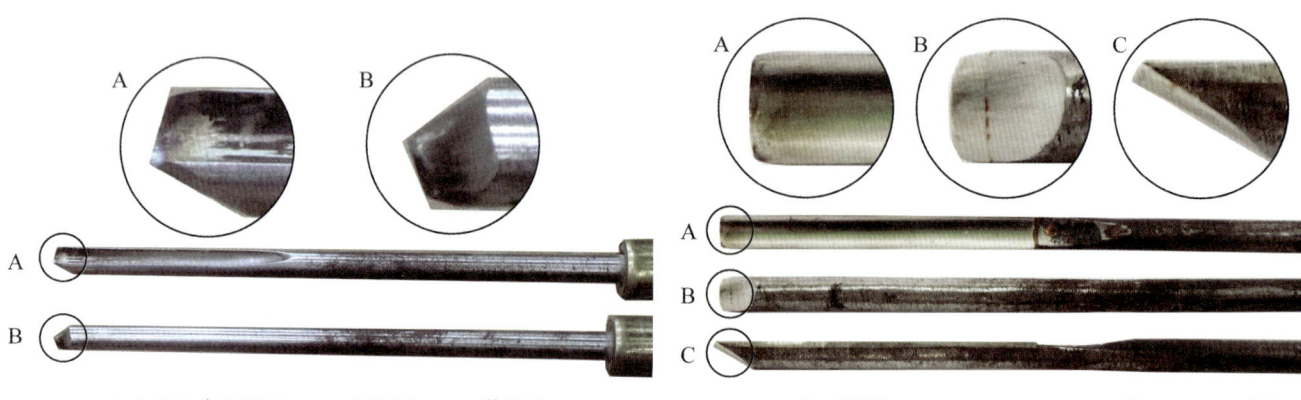

(a) 西式圓刀 A - 正面 B - 背面　　(b) 台式圓刀 A - 正面 B - 背面 C - 側面

▲ 圖 0-6　車刀的其中一種：圓刀

2 鑽頭夾頭

用途：用來夾住鑽頭，鑽頭夾頭放在車床的尾座上，就可以利用車床來施作鑽孔工作。

3 鑽頭

用途：鑽頭的種類很多，其中用來鑽木頭的就是如圖所示的木工鑽頭，此外鉗工鑽頭也是可以鑽木頭。

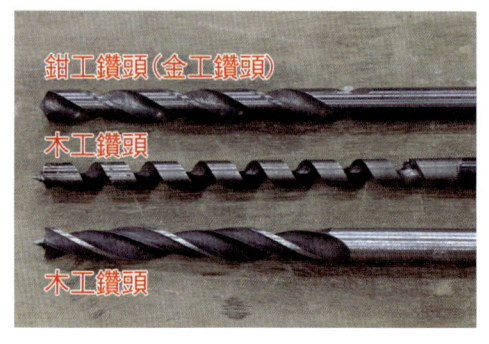

微課 0　前置作業

4 **中心衝**
　　用途：用來將木頭端面的中心點打凹成一小洞，方便木頭鑽孔。

5 **垂直鑽孔固定器**
　　用途：將木頭放在垂直鑽孔固定器上，再用鑽床鑽孔，孔才不會鑽歪。

6 **銅管黏合斜度錐**
　　用途：將銅管套入木管的輔助工具。

7 **絞刀**
　　用途：用來將木頭的端面整平的工具，也確保木頭的端面與木頭鑽的孔成 90° 垂直。

8 製筆軸芯

用途：固定木管到車床上車削的工具。

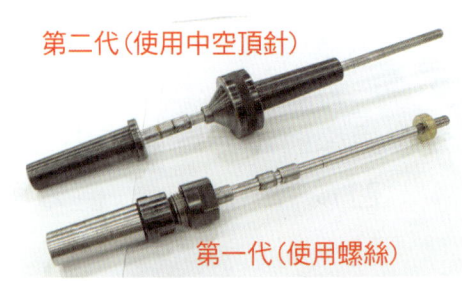

第二代（使用中空頂針）
第一代（使用螺絲）

9 退筆器

用途：組裝木筆時，萬一組裝錯誤，可以用退筆器將零件從木管上退出來。

10 銼刀

用途：銼刀可以清除木管或銅管內的雜物，也可以將木管的孔銼大一點（如果孔徑太小的話）。製作木筆需要的銼刀，最合適的是直徑 6mm 的木工圓型銼刀，使用鉗工銼刀也可以。

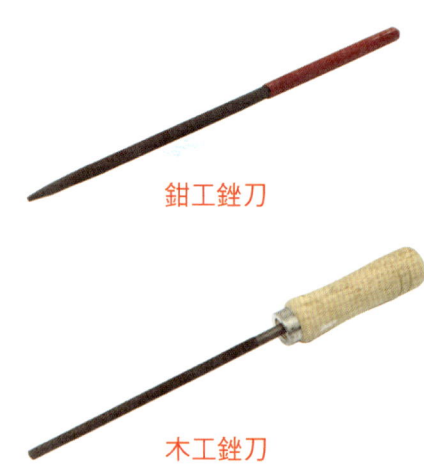

鉗工銼刀

木工銼刀

11 車針或牙籤

用途：組裝木筆時，如果發現木管與零件之間有固化的黏著劑被擠出來，可使用車針或是找一根牙籤將之剔除。

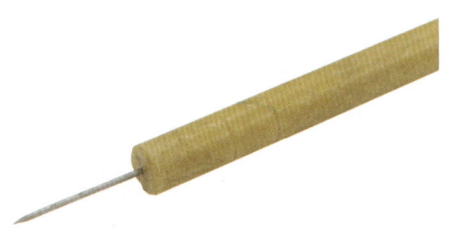

微課 0　前置作業

⑫ **筆零件壓合器**
　　用途：木筆組裝的工具。

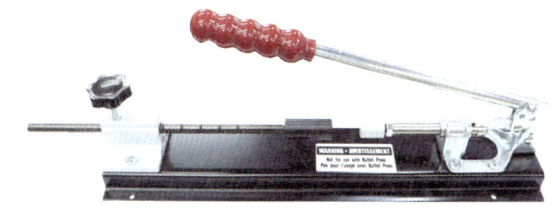

⑬ **磨刀石**
　　用途：磨車刀用的磨刀石一般是選
　　　　　用 800 番或 1000 番規格。

⑭ **口罩、面罩、護目鏡**
　　用途：口罩可以減少吸入木屑粉
　　　　　末。護目鏡可以保護眼睛，
　　　　　避免車削過程中木屑或其他
　　　　　異物噴到眼睛，如果不使用
　　　　　護目鏡，就改用面罩來保護
　　　　　整個臉部。

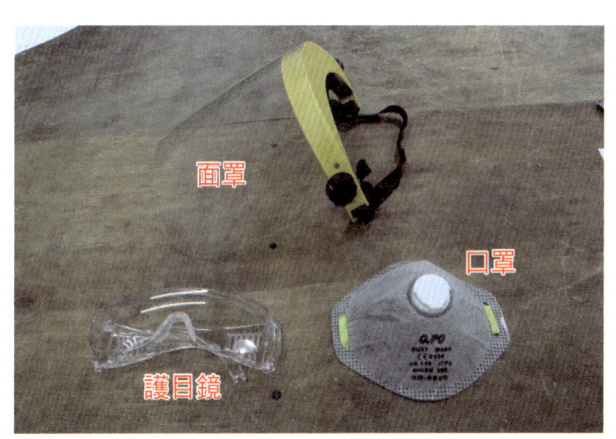

⑮ **直尺、游標卡尺**
　　用途：直尺用來測量長度，游標卡
　　　　　尺可以測量木管、銅管或鑽
　　　　　頭的直徑。

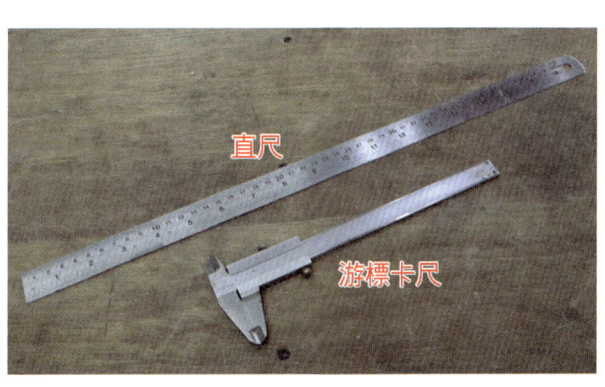

0-3 材料

1 木頭

木頭成千上萬種，到底要選擇哪一種比較適合做筆呢？通常我們比較偏好硬一點的（車製研磨完會比較光亮）、紋路線條美一點的、顏色挑自己喜歡的、帶有香氣的，但是沒有一種木頭是樣樣具備十全十美的。一般市場可以取得的木頭，硬度較高的有黑檀、紫檀、黃檀、綠檀、相思木、黑柿木、毛柿木、黃連木等，紋路較美的有鐵刀木、蛇紋木、松木、斑馬木、香杉等，帶有香氣的有黃檜、紅檜、肖楠、香杉、檀香木等。木材一般採直紋取料，如圖 1-7 所示，橫紋取料比較難車製，直紋取料與橫紋取料的紋路表現不同，附錄 2 可以看到一些橫紋木作品。

▲ 圖 0-7　採橫紋取料與直紋取料的原木

2 筆套件

市面上有超過 100 種以上的筆套件來做出各種造型的原子筆、鉛筆、鋼珠筆或鋼筆。不管是哪一種筆套件，我們會發現套件中都有「銅管」這個零件，因為木頭製作完成後，就變成一個薄薄的木管，強度不足，為了確保木管車製、組裝過程、以及將來使用時都不變形或斷裂，所以木管內壁都要黏合薄銅管，再與塑膠（或金屬）零件接合，而不是木管直接與塑膠（或金屬）零件接合。此外，零組件的顏色一般以金黃色、黑色、白金色這三種居多，我們可以依據木頭顏色選擇適合的套件顏色。

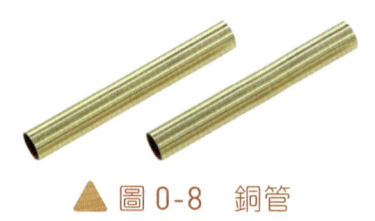

▲ 圖 0-8　銅管

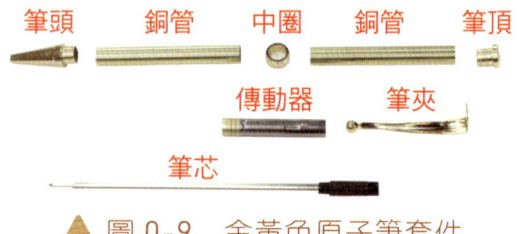

▲ 圖 0-9　金黃色原子筆套件

3 **漆**

包括生漆、化學漆等，上漆可以讓木筆表面形成一層保護膜。

4 **蠟**

包括蜂蠟、石蠟、植物蠟等，上蠟可以增加木筆表面的防水防汙性能。

5 **黏著劑**

AB 膠（環氧樹脂＋硬化劑）、瞬間接著劑（瞬間膠、三秒膠）、白膠、太棒膠等，其中白膠和太棒膠比較適合做木頭與木頭黏接，如果是木頭與金屬黏接，還是用瞬間膠或 AB 膠。

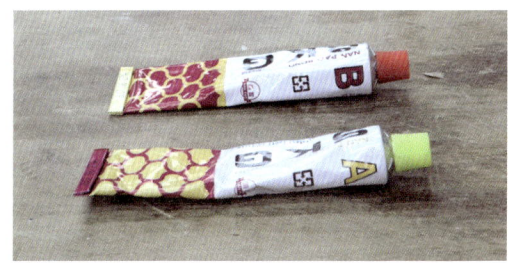 

(a)AB 膠　　　　(b)瞬間接著劑

▲ 圖 0-10　AB 膠（環氧樹脂＋硬化劑）、瞬間接著劑

6 **砂紙**

磨木頭的砂紙有低號數（粗砂紙）、高號數（細砂紙）之分。一般會使用到的號數是 120、150、180、240、320、400、600、800、1000、2000 等。

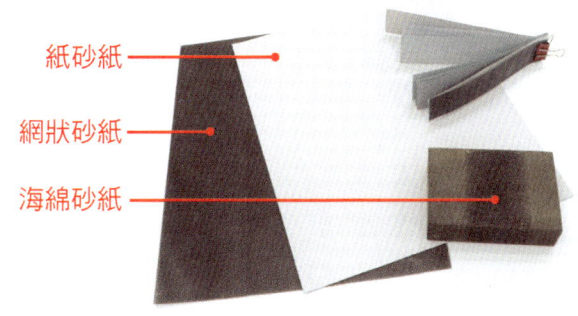

▲ 圖 0-11　砂紙

筆記欄

車製木筆的準備工作

微課 1

接下來我們以下列這一款原子筆為例進行木筆的製作,不論是哪一個階段哪一個步驟,本書盡量提出數種方法供參考,讀者可以依照現有的機具設備器材選擇使用哪一種方法。

1-1 木頭備料

將木頭裁成角料或圓棒形狀，木頭的長度比照銅管長度（但略大於銅管長度約 1mm 或以上），木頭的寬度要比銅管的外徑多 8mm 以上（避免鑽孔時木頭管壁太薄會崩裂），寬度可能依成品形狀要求而多更多。本書選用的雙管原子筆，兩根銅管外徑約 6.8mm，長度大約是 51mm，所以準備兩塊 15mm×15mm×52mm 的木頭。兩段木頭若是同一塊木頭裁切、而且紋路想要對齊，就要做記號，讓製作完成的原子筆兩段木頭看起來是相連的、紋路是對齊的。

▲ 圖 1-1　角料的長度略大於所需長度約 1mm 或以上，寬度依成品要求而定

1-2 木頭鑽孔

一般鑽頭的直徑選擇原則是比銅管的外徑多 1～2mm。但是還要考量到同樣的規格鑽頭，金工（鉗工）鑽頭與木工鑽頭鑽出來的結果也有些微差異！

方法 1　使用鑽床

木頭端面定出中心點，用中心衝或固定頂針將中心打成凹洞，再使用垂直鑽孔固定器固定木頭，準備 7mm 鑽頭在鑽床上鑽孔，確定鑽頭對準木頭中心慢慢鑽入木頭，因為鑽的深度長達 5 公分，中途要退鑽頭排出木屑。木頭鑽洞後本書將稱為木管來繼續說明。

Step 1 四方形截面木頭畫兩條對角線找出中心點。

Step 2 用中心衝或固定頂針將中心點打成凹洞。

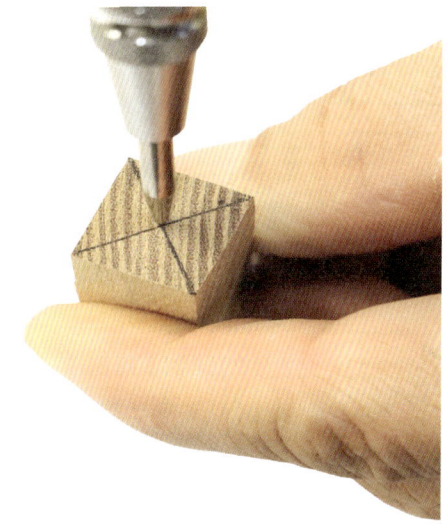

Step 3 用垂直鑽孔固定器固定木頭,準備 7mm 直徑鑽頭,在鑽床上鑽孔,確定鑽頭對準木頭中心慢慢鑽入木頭。

方法 2　使用車床

車床主軸鎖入夾頭，夾頭夾住木頭，車床尾座置入鑽頭夾頭夾 7mm 鑽頭，確定鑽頭對準木頭中心慢慢鑽入木頭，中途要退出鑽頭排出木屑。小型車床尾座的工作路徑短，可能尾座軸前進到底了，木頭還鑽不透，這時候就要鬆開尾座固定桿，尾座往右拉開，把尾座軸退到起點，再推尾座往左使鑽頭碰到最後鑽孔位置，固定好尾座，繼續鑽孔，直到鑽透。

Step 1 車床主軸鎖入夾頭，夾頭夾住木頭（木頭端面中心點不可以先打成凹洞）。

Step 2 車床尾座置入鑽頭夾頭，夾頭夾 7mm 鑽頭。

Step 3 啟動車床讓木頭轉動,尾座往前移動,確定鑽頭對準木頭端面中心。

Step 4 尾座固定桿固定。

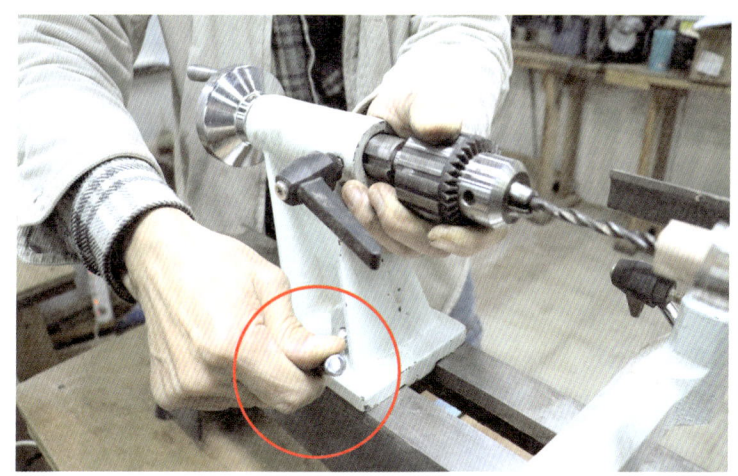

Step 5 左手握穩鑽頭夾頭,右手轉動手輪進行鑽孔,剛開始動作要慢。

Step 6 過程中鑽頭不應該晃動（晃動代表鑽頭鑽偏心了）。

Step 7 手輪轉到底尚未鑽透，或是木屑已經有堵塞，馬上鬆開固定桿。

鬆開固定桿

Step 8 將整個尾座拉開。

拉開

Step 9 轉動手輪使尾座桿子縮回。

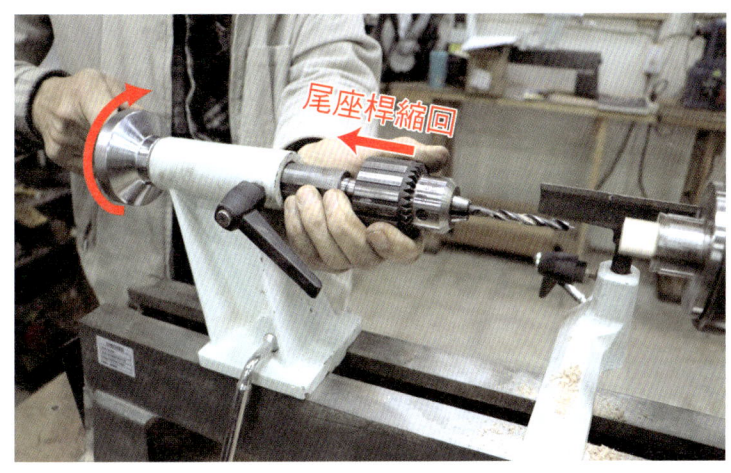

Step 10 將尾座推向木頭，使鑽頭頂到剛才鑽的位置。

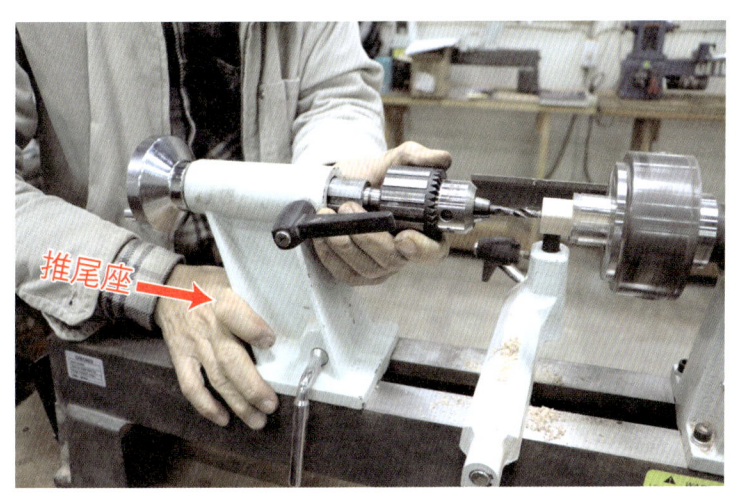

Step 11 固定桿固定。

Step 12 繼續鑽孔。

Step 13 直到鑽透為止。

Step 14 鬆開固定桿拉出鑽頭。

Step 15 鑽孔完成，木頭成為木管。

Step 16 取出已鑽孔的木管。

老師說▶
鑽頭不鋒利的話，鑽起來較吃力，會鑽出燒焦的木屑，應該要磨利再使用！

1-3 塞銅管

方法 1 　使用銅管黏合斜度錐塞銅管

Step 1 銅管是木頭與筆套件的中間介質。先用砂紙磨去銅管表面的氧化層，又可以讓銅管表面粗糙增加黏著效果。

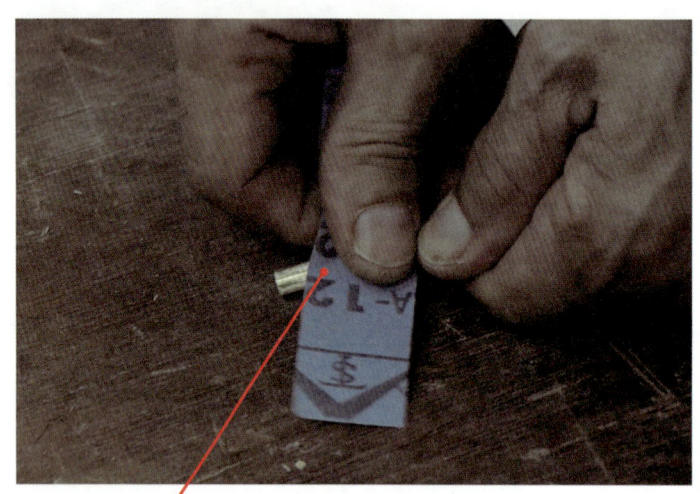

砂紙磨銅管表面

Step 2 將木管和銅管內外的木屑吹掉或用棉花棒清掉。

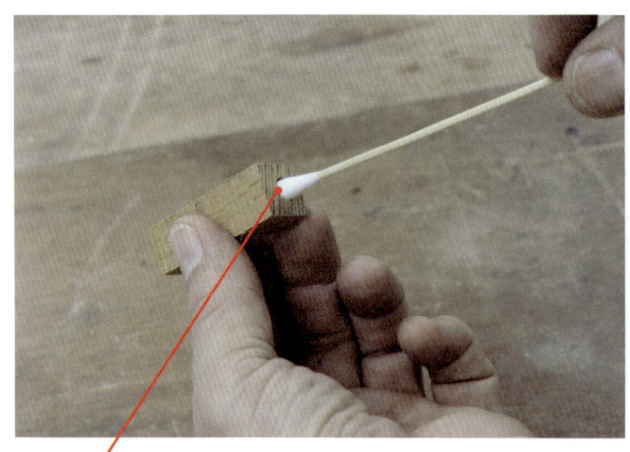

將木管內的木屑吹掉或用棉花棒清掉

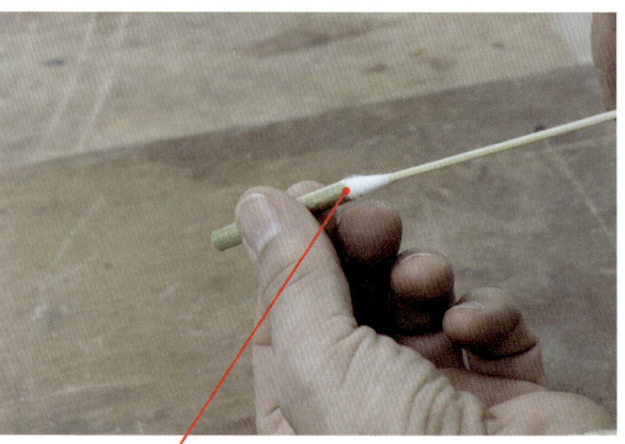

將銅管內的木屑吹掉或用棉花棒清掉

Step 3 試著將銅管塞入木管內，確定可以輕鬆塞入後，銅管拔出準備上膠。

試著將銅管塞入木管

老師説 ▶

不能輕鬆塞入？也許是鑽孔偏心或鑽孔速度太快造成木管內徑不夠平整，也有可能是鑽孔的尺寸稍微小了一點導致木管內徑不夠大。

銅管不能輕鬆塞入怎麼辦？

1. 若是木管內徑不夠平整導致銅管不能輕鬆塞入，使用圓形銼刀磨木管內側，或是利用鑽床將木頭重新鑽一遍（但是不能再用車床鑽，因為夾頭再次夾木管，一定偏心，再鑽很危險）。

▲ 圖 1-2　使用圓形銼刀磨木管內側

2. 若是鑽頭的尺寸稍微小了一點，再鑽一遍也一樣情況孔還是太小，就使用圓形銼刀或是將砂紙捲成圓條狀去磨木管內側，等於做擴孔動作，磨到銅管可以塞入為止。

Step 4 以銅管黏合斜度錐插入銅管固定好銅管,將黏著劑(慢乾型的瞬間接著劑、AB膠或其他適合的黏著劑⋯)均勻塗抹在銅管外側和木管內側。

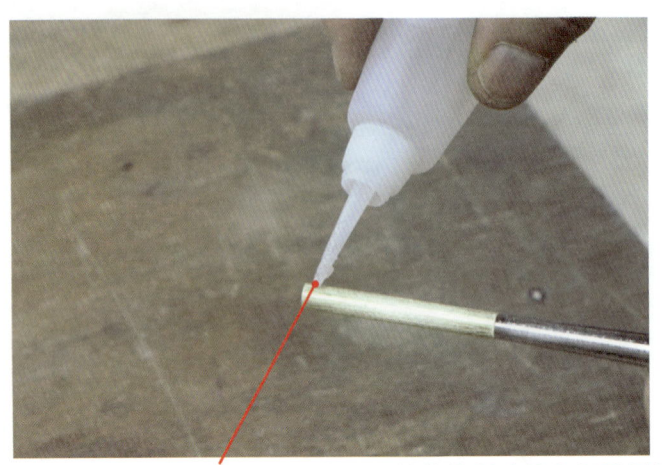

試將銅管黏合斜度錐固定好木管,將黏著劑塗抹在銅管外側

Step 5 將銅管推入木管中(如果使用瞬間接著劑就要迅速推入,否則瞬間接著劑很快乾掉造成銅管半路卡住就推不進了)。使用瞬間接著劑的話,通常在一分鐘之內可以固化,其他的黏著劑需要更長時間等待硬化。

方法 2　直接用手塞銅管

不用銅管黏合斜度錐直接用手推的方法：手拿著銅管，銅管上黏著劑後，推入木管內，找一個鉛錘面，雙手握住木管以水平方向推向鉛錘面，將銅管完全推入。

Step 1　銅管是木頭與筆套件的中間介質。先用砂紙磨去銅管表面的氧化層，也可以讓銅管表面粗糙增加黏著效果。

Step 2　將木管和銅管內外的木屑吹掉或用棉花棒清掉。

Step 3　試著將銅管塞入木管內，確定可以輕鬆塞入後，銅管拔出準備上膠。

Step 4　手握銅管塗上黏著劑，木管內側最好也塗抹薄薄一層黏著劑。

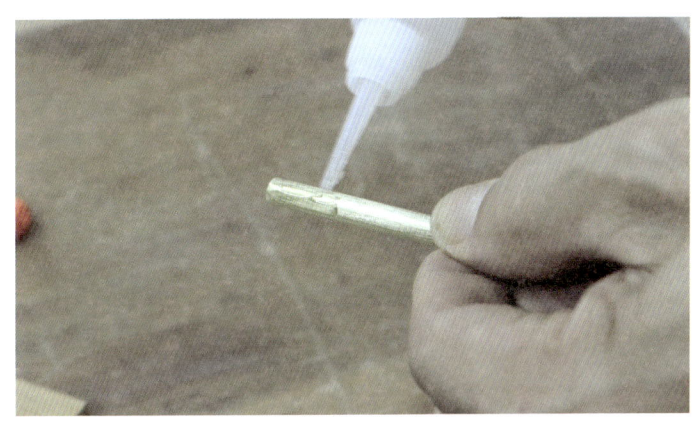

Step 5　銅管推入木管內。

Step 6 利用桌子側邊鉛錘面，雙手握木管以水平方向將銅管完全推入。

老師說▶

1. 小心瞬間接著劑別黏到手（瞬間接著劑黏到手會有灼熱感），當瞬間接著劑黏到手，趁瞬間接著劑還沒有乾，趕快甩手並且張開手指，別讓手指頭黏住了。
2. 銅管半路卡住怎麼辦？

▲ 圖 1-3　銅管半路卡住

老師說 ▸

辦法 1.
切斷露出的銅管,將切開的銅管端面磨平、也磨掉銅管上面已經硬化的黏著劑、重新上黏著劑,從木管的另一端面推入木管內,還是要小心別讓銅管又卡住了。

辦法 2.
準備一段鑽好洞的木管,套入露出的銅管,形成拼接的效果,再將原先木管多餘的部分切掉。

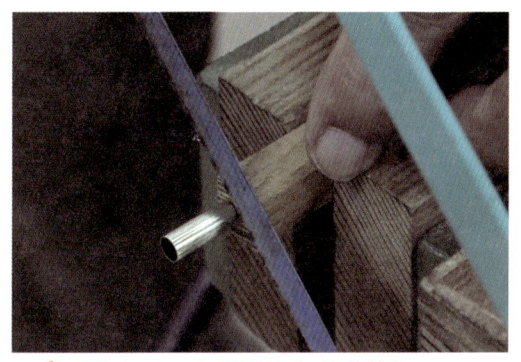

▲ 圖 1-4　切斷露出的銅管
　　　　　（用鋸金屬的弓形鋸）

▲ 圖 1-5　找一段木管套入
　　　　　露出的銅管

辦法 3.
破壞木頭,取出銅管,找另一段木頭重新鑽孔,黏銅管。

1-4 木管端面整平

等到黏著劑確實凝固硬化後,要將木管兩端端面整平,使銅管與木管等齊平順。

方法 1 ▎使用絞刀

絞刀安裝在手電鑽、鑽床或車床上,將木管套入絞刀的軸心,先不讓木管碰到絞刀,握緊木管後開機讓絞刀旋轉,將木管推向絞刀進行端面刮平,一端面刮平後換另一端面刮平。但是這一個方法刮出來的端面較粗糙。

方法 2 ▎使用砂紙

使用砂紙將木管端面磨平(如果要磨掉的長度較長,先用粗一點的砂紙磨,之後改用細一點的砂紙磨),但一定要確定磨端面的時候,砂紙面要與銅管垂直不能歪斜。一端面磨平後換另一端面磨平。

砂紙放在桌上磨

方法 3 | 使用圓盤砂磨機

砂磨時注意砂紙面要與銅管垂直，利用圓盤砂磨機砂磨速度較快，不要磨過頭。

Step 1 圓盤砂磨機砂磨。

方法 4 | 使用車床

自製木圓盤，圓盤黏魔鬼氈，再黏上圓形砂紙，夾在車床上，就可以利用車床砂磨，這是很經濟實用的方法。

Step 1 夾頭夾木圓盤，圓盤黏魔鬼氈，再黏上圓形較粗砂紙（100號）。

圓盤
砂紙

Step 2 刀架靠近圓盤並且調整到垂直紙面。

Step 3 木管靠在刀架上進行砂磨。

Step 4 砂磨到木管與銅管端面對齊。

Step 5 撕下粗砂紙。

魔鬼氈

Step 6 改黏細砂紙（180～400號都可以）。

Step 7 重新砂磨（輕輕的）使端面更平整光滑。

Step 8 端面砂磨完成。

老師說 ▶

木管端面整平，共有四種方法：
1. 使用絞刀
2. 使用砂紙
3. 使用圓盤砂磨機
4. 使用車床

同學可以視工廠設備而定，選用合適的方法將木管端面整平。

車製木筆

微課 2

本章討論如何將木管車成所要的木筆形狀,算是這本書的重頭戲。因為車筆過程中,有些步驟也許有不同的幾種方法達成,同一塊材料用了第一種方法,就不能用第二種方法再做一遍,所以以下會有三組木頭輪流討論整個車筆過程。

2-1 固定木管在車床上

中空的木管若要固定在車床上旋轉,必須利用製筆軸芯將木管固定在車床上,才能進行切削。

Step 1 將製筆軸芯插入車床主軸。

製筆軸心➔

將製筆軸心插入車床主軸

老師說▶
如果兩段木管要對紋路,套入製筆軸芯時就要對齊。

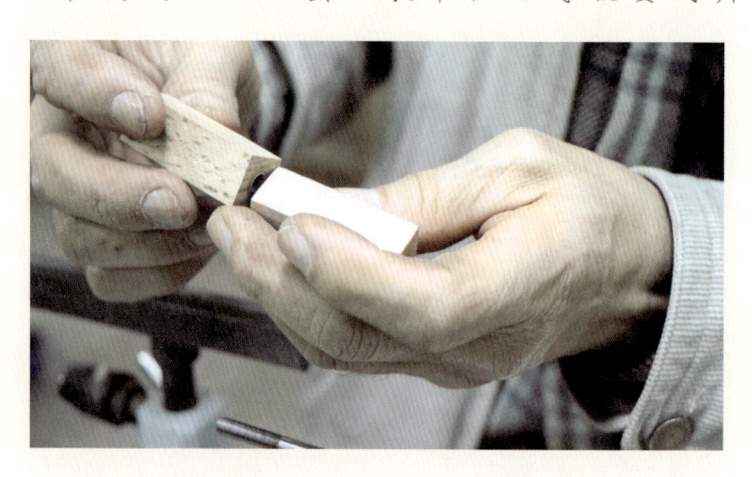

Step 2 選擇適當的襯套,依序將襯套、木管、襯套、木管、襯套套入製筆軸芯。

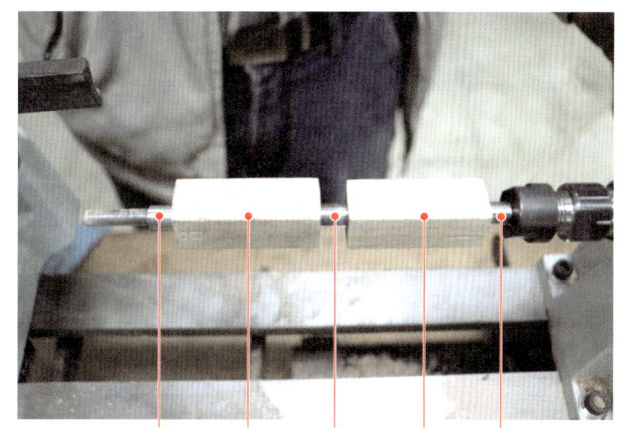

襯套　木管　襯套　木管　襯套

Step 3 螺絲鎖緊。

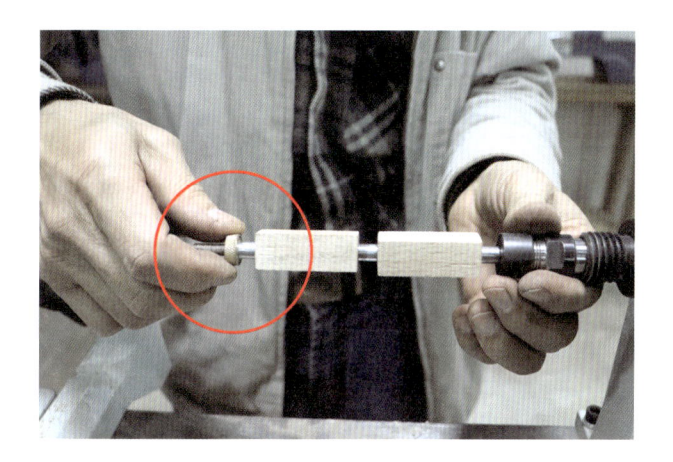

Step 4 尾座往前推並固定,轉動手輪使頂針頂住製筆軸芯。

老師說▶
如果使用另一種製筆軸芯和頂針，上述的Step3和Step4動作就換成尾座往前推頂針頂住襯套。

老師說▶
木管卡住套不進製筆軸芯怎麼辦？可能銅管內有黏著劑殘留，用小型圓形銼刀磨掉黏著劑或是用砂紙磨掉黏著劑。

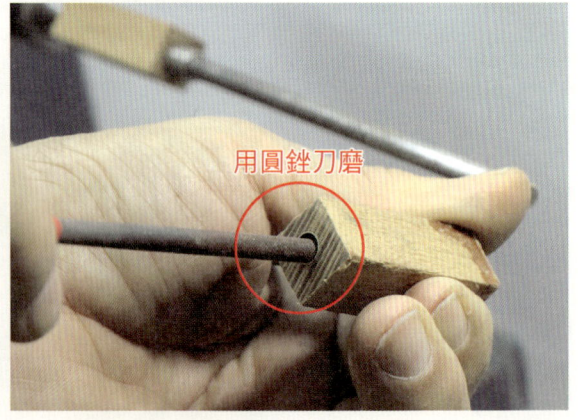

老師說▶
用小型圓形銼刀磨掉黏著劑。

銅管內的黏著劑殘留

用圓銼刀磨

2-2　調整刀架位置

　　刀架盡量靠近木管且高度稍低於木管，讓車刀以 20～30 度仰角車削。但是啟動車床前，試著以手轉動主軸，確定刀架不會在車床旋轉時被旋轉機件或木管撞到。

Step 1 刀架盡量靠近木管。

刀架

Step 2 刀架高低位置決定於讓車刀以 20～30 度仰角車削木頭。

Step 3 試著以手轉動主軸確定刀架不會在車床旋轉時被撞到。

2-3 木管車削

　　因為車筆的木管直徑不大，轉速可以調高到 1000 轉／分或以上，選用圓口刀進行車削。車削時食指抵住刀架下方，其餘四個手指握緊車刀，車刀置於刀架上，並且緊貼刀架，車刀以 20～30 度仰角車削。先將角料車成圓柱形，再車成想要的形狀。

Step 1 車削時食指抵在刀架下方，其餘四個手指握緊車刀，車刀置於刀架上，並且緊貼刀架。

Step 2 剛開始方形木管要車削成圓形木管時，切削量不要太大。

老師說 ▸
車削時木管會卡住不動，沒有跟著製筆軸芯轉怎麼辦？
a) 螺絲鎖緊一點，b) 頂針頂緊一點。

Step 3 車刀左右移動進行車削，但是食指抵住刀架下方最好不要滑動。

Step 4 將角料車成圓柱形。

Step 5 換另一管車削。

Step 6 往左邊車削時，車刀（依前進方向）向左偏。車削時，讓刀背靠著木管，木管表面會比較平整。

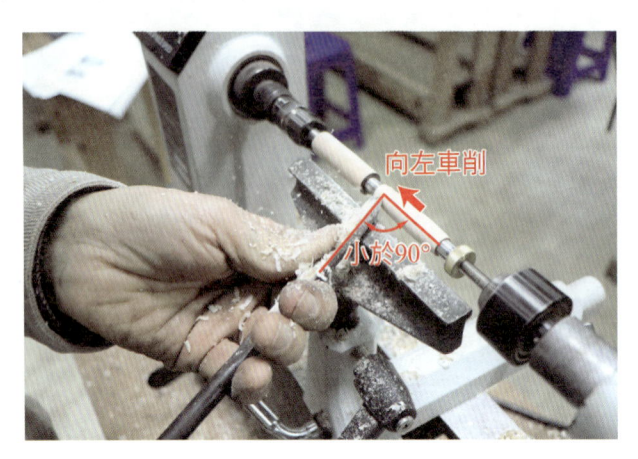

Step 7 往右邊車削時，車刀向右偏。

Step 8 握緊車刀，小心別車到襯套！

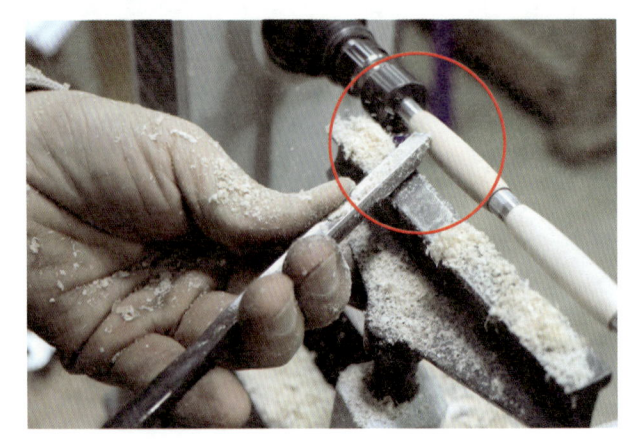

老師說▶

車刀不鋒利的話，車起來較吃力，車出來的木屑較碎，應該要磨利再使用！如果刀刃有缺角，就要用砂輪機磨刀比較快，但是磨刀的技術不是一天兩天就學得會。如果刀刃只是鈍掉，用1000號磨刀石磨刀即可。

1.

砂輪機磨刀〔只磨刀背〕

2.

磨刀石磨刀〔只磨刀背〕

Step 9 通常木管兩端車削完的直徑應與襯套外徑相同，之後組裝的時候，木管與套件連接處就沒有高低差，視覺較佳。車刀車到木管兩端接近襯套時，改以刀角車削，比較不會車到襯套，避免傷到襯套！

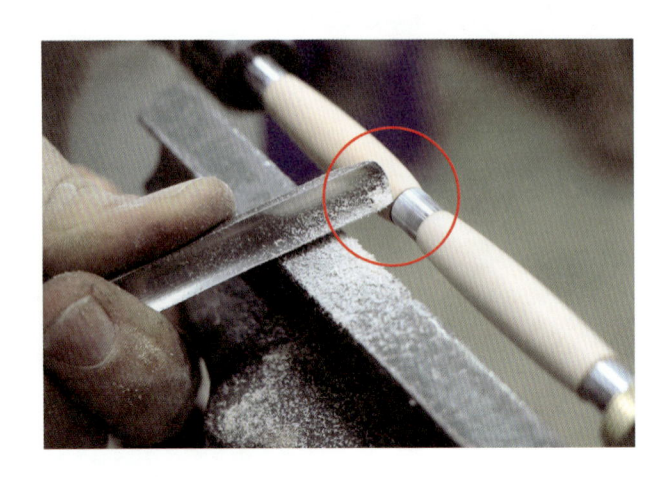

Step 10 木管兩端車削完的直徑應與襯套外徑相同。

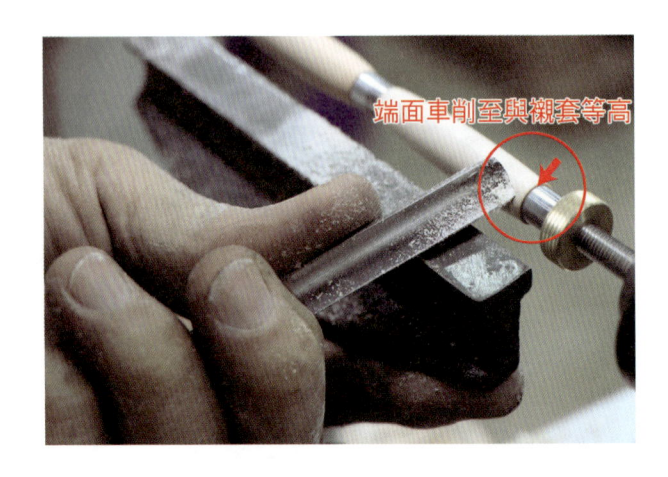

老師說 ▶

車削過程中偶而要停機觀察，若發現木管有裂或破洞，先以木屑粉填入裂痕或破洞，點一些瞬間接著劑（瞬間膠），再用砂紙砂磨產生更多木屑粉填滿裂痕或破洞，若尚未填滿，再填粉、點瞬間接著劑、砂磨⋯重複上述動作，直到填滿！

1.

有一小片木料斷裂

2.

塗瞬間接著劑

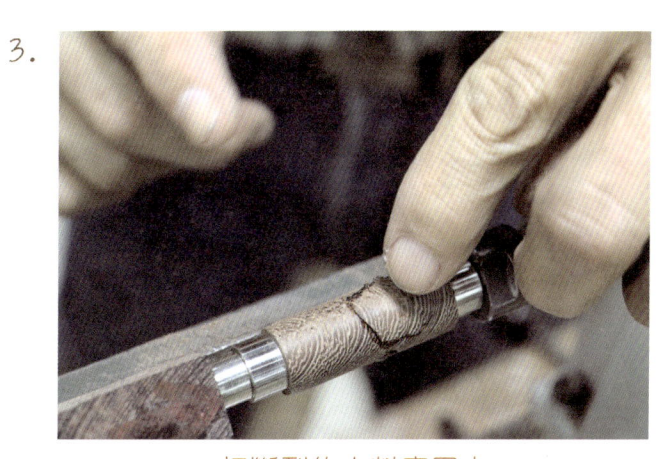

3.

把斷裂的木料塞回去

老師說 ▶

4.

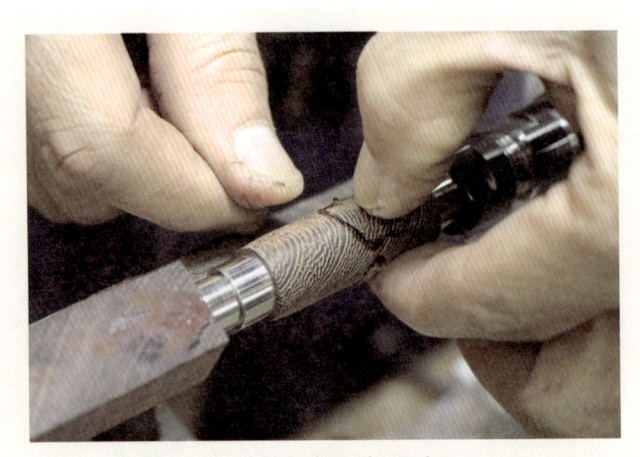

等瞬間接著劑硬化

5.

噴催化劑（正庚烷）可以加速硬化

6.

破了一個洞

微課 2　車製木筆

老師説 ▶

7.

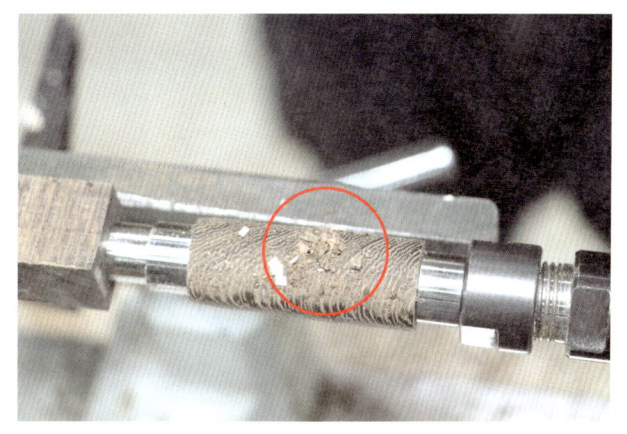

破洞填入木粉

8.

點瞬間膠

9.

靜待硬化

老師說

10.

砂磨

11.

裂縫破洞若尚未填滿，再點瞬間膠

12.

點完瞬間膠，馬上砂磨讓更多磨出來的粉填滿裂縫破洞

老師說▶

車削完的木管為什麼偏心：
a. 軸芯有彎曲變形。
b. 尾座軸與主軸沒有同心，尾座頂針頂軸芯造成偏心。
c. 軸芯與銅管密合度差，兩者之間的間隙太大。如果之後車製鋼筆有直徑較大銅管，會用到另一種襯套，便有兩個間隙，一個是軸芯與襯套之間的間隙、一個是襯套與銅管之間的間隙，這兩個間隙也會造成車削完的木管偏心。

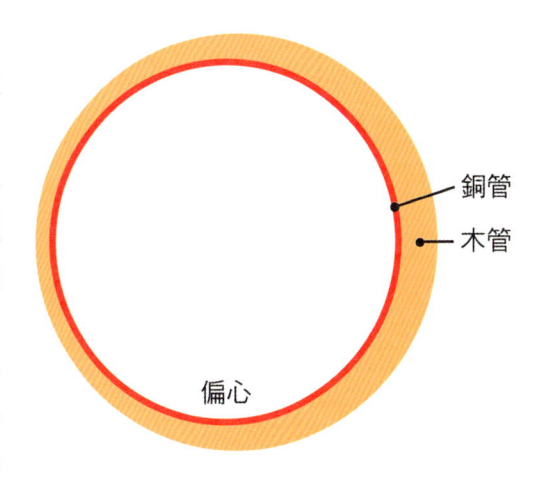

如果一時無法解決木管偏心問題，兩個木管要對齊紋路才固定在軸芯上進行車製，如此一來，兩個木管車完都偏同一邊，組裝後比較看不出來偏心。

筆記欄

車製木筆的後續美化

微課 3

木管車削完成後,通常表面摸起來會感覺不平順,看起來也不光亮,這樣的木管組成木筆是不會吸引人的。所以,接下來木管將進行砂磨、上漆、上蠟和拋光等手續,等於是幫木管化妝,讓它更光滑平順,就可以組成更有質感的木筆。

3-1 砂磨

　　車削完成的木管，表面難免有刀痕，除非刻意保留，否則應該用砂紙磨去刀痕，砂磨還會讓木管的表面曲線更流暢。木管車削完，準備砂磨前，一定要停機移走刀架，再開機使木管旋轉，用剪成條狀的砂紙砂磨。小心砂磨時砂紙發燙勿傷到手！原則上砂紙先選低號數（粗砂紙）磨，再逐次換較高號數（細砂紙）磨。如果車削的技術不佳造成木管表面粗糙又不平整，這時候就要用很粗的砂紙（80號或100號）開始砂磨，然後換120號、150號砂磨，一般是從180號開始砂磨，接著240號、320號到400號，遇到密度較高較硬的木頭，還可以繼續用600號、800號、1200號、甚至到2000號。砂紙用愈細，木管表面愈光滑！

Step 1 先選低號數（180號粗砂紙）砂磨。

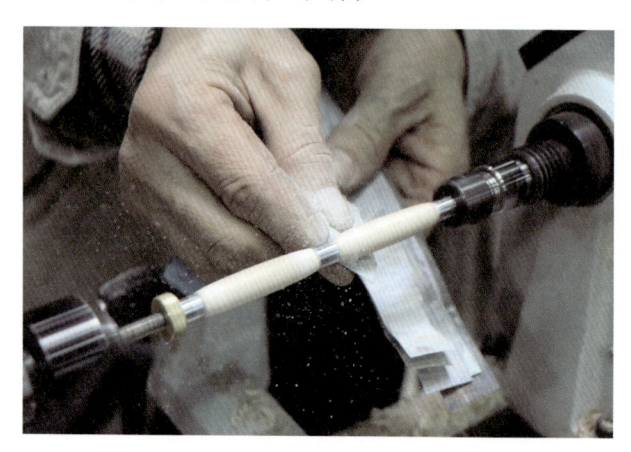

Step 2 砂紙剪成長條狀，由粗到細疊成一疊，方便使用。

Step 3 逐次換較高號數（細砂紙）磨。

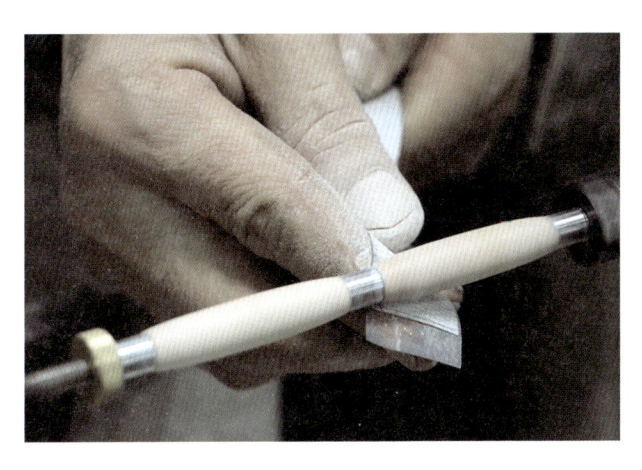

Step 4 磨完後拿木屑拋光。

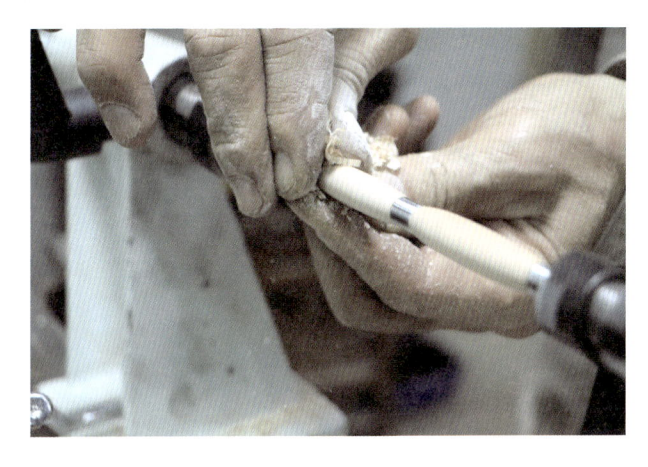

3-2 上漆

木管表面如果塗漆形成漆膜，有幾項優點：

1. 可以彰顯木頭的紋理及色澤。

2. 形成保護層，防止木頭腐朽。

3. 減緩木頭吸濕及解濕的速度，木頭比較不會裂或變形。

但是有香味的木頭也會因為漆膜導致香味被封住而聞不到，就要考慮不上漆，或者有人喜歡木頭的原始觸感與視覺也就不要上漆。如果定義可以在木頭表面形成漆膜的材料就是漆，那麼漆的種類很多，一般製作木筆使用的漆，有瞬間接著劑（最快速方便的漆料）、硝基油漆、聚氨酯樹酯（水性漆）、透明漆、天然的生漆等等。

方法1 上漆方法

漆要塗抹很多次，製作出的木筆才會均勻光滑。在木管慢速旋轉時上漆，上完第一道漆，要等漆乾，再砂磨使漆表面平滑。接著上第二道漆，等漆乾了，再用較細的砂紙砂磨。接著上第三道漆，再等漆乾了，用更細的砂紙砂磨使表面平亮。塗抹愈多道效果愈佳，最後一道上漆就不再砂磨。（除非個人工作室或一對一教學，不建議在學校做上漆這一步驟，很耗時間，所以本書不放照片說明。）

3-3 上蠟

　　上蠟可以讓木材防水、防汙效果較好，如果不經過上漆這一道步驟，木材表面沒有一層漆膜，木材直接上蠟，蠟會滲透到木材毛細孔，就可以維持木材透氣性，原木香氣不會被封住。如果木材已經上漆，之後再上蠟，木材會很光亮。

方法 1　上蠟方法

　　拿一小塊布或是棉紙沾一些蠟，塗抹在旋轉的木管上，數秒鐘即可，用布擦拭還有拋光效果。

Step 1 拿一小塊布沾一些蠟。

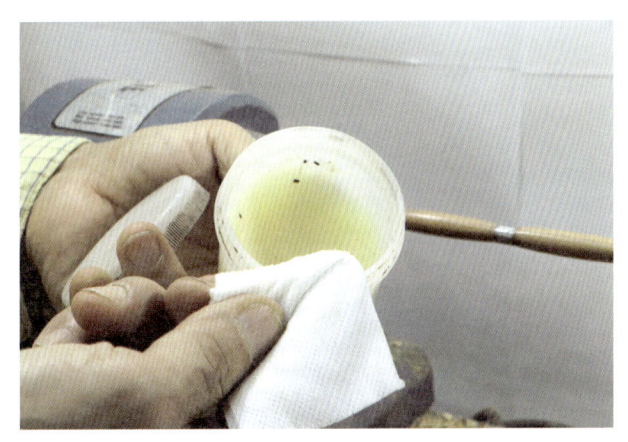

Step 2 塗抹在旋轉的木管上，就完成上蠟與拋光。

3-4 取下木管準備組合

Step 1 退開尾座。

Step 2 鬆開螺絲，取出木管。

Step 3 用鐵棒敲出製筆軸芯。

木筆組裝

微課 4

筆會有些功能性的結構或是部分螺紋結構,這些結構要堅固耐用,偏偏木頭硬度不夠強,太薄就容易碎裂,也很難攻牙做出螺紋,所以木頭只做為木筆筆桿的外殼而已。木筆的筆夾、筆頂、筆頭等結構還是使用金屬或塑膠材質,這部分就是製作筆套件的廠商生產提供。

4-1　木筆組裝

先排好套件與木管的組合位置，確定壓接順序，等一下組裝千萬不要失誤，否則組裝錯誤要拆解重來，很麻煩！

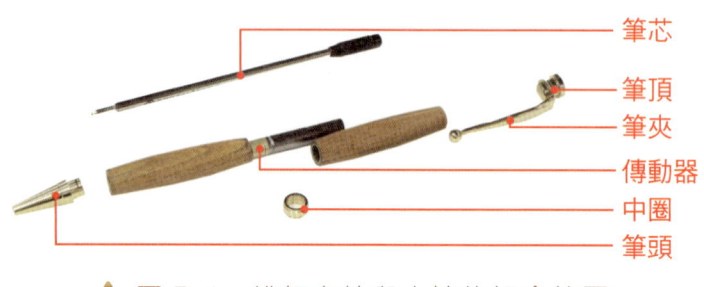

▲ 圖 5-1　排好套件與木管的組合位置

（零件標示：筆芯、筆頂、筆夾、傳動器、中圈、筆頭）

4-2　選擇組裝的工具

方法 1｜使用筆零件壓合器組裝

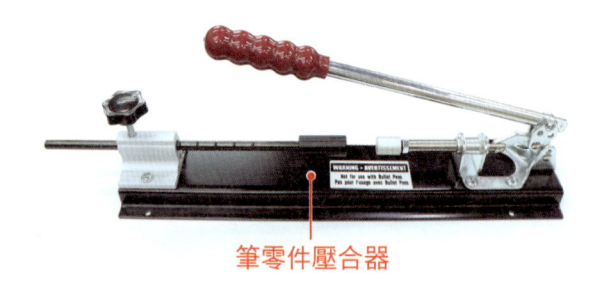

筆零件壓合器

方法 2｜使用車床組裝

主軸插入有塑膠頭的鐵棒或一根端面平整的木棒，尾座放頂針或一根端面平整的木棒。在主軸的塑膠頭（或木棒）與尾座頂針（或木棒）之間放木管和零件，轉動尾座手輪進行壓合組裝。

Step 1 心軸插入一根端面平整的木棒。

Step 2 尾座放一根端面平整的木棒。

方法 3 　使用虎鉗組裝

4-3 組裝

1. 先組合筆身前端
2. 其次是同一段木管另一端套入傳動器
   注意傳動器結構比較脆弱，不管用哪一種方法組裝，就是不要放在有金屬的那一端，並且注意壓入的深度不要過頭。
3. 接下來組合另一段木管與筆夾
4. 最後將兩段木管接合，並調整兩段木管紋路位置

方法 1 使用筆零件壓合器組裝

Step 1 筆身前端先套入筆頭。

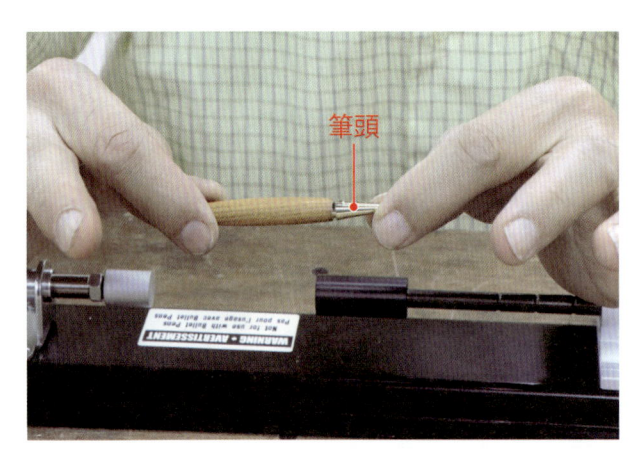

Step 2 壓接筆頭。

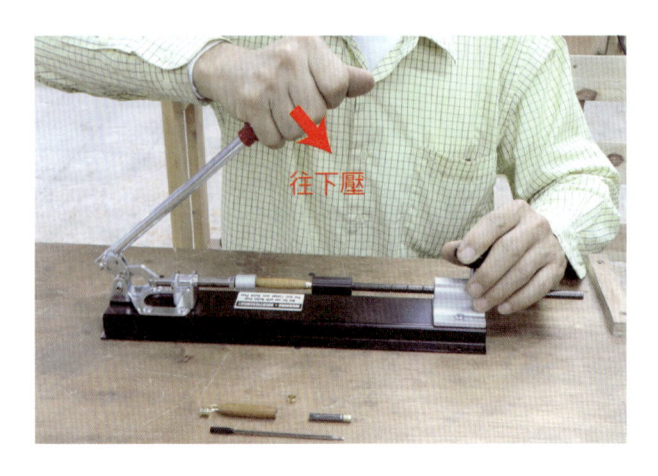

Step 3 另一端套入傳動器壓接，注意壓入的深度不要過頭。

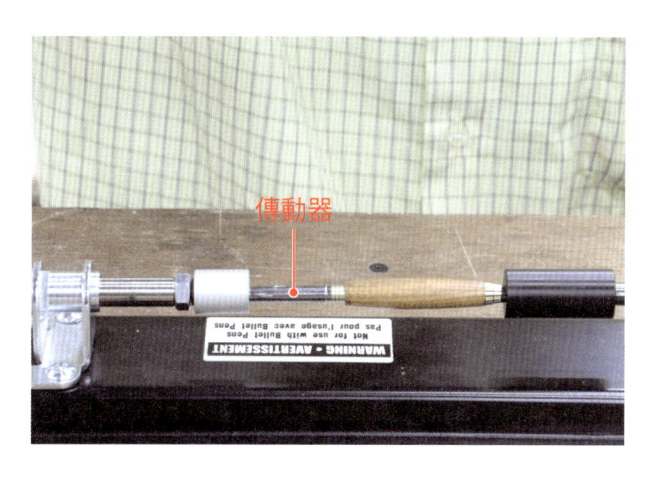

傳動器

Step 4 另一段木管套入筆夾和筆頂。

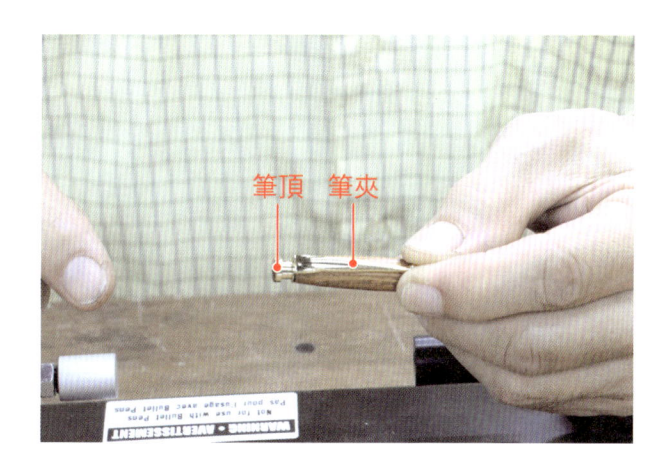

筆頂　筆夾

Step 5 木管與筆頂筆夾壓接。

Step 6 雙手用力將兩段木管接合，記得套入中圈。

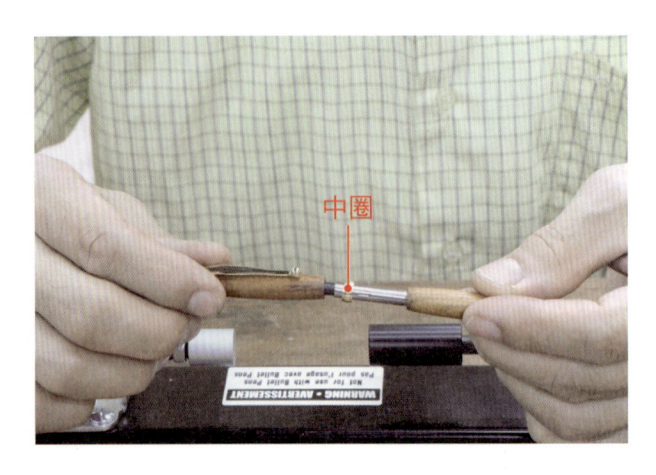

Step 7 轉動後段木管來調整兩段木管紋路位置。

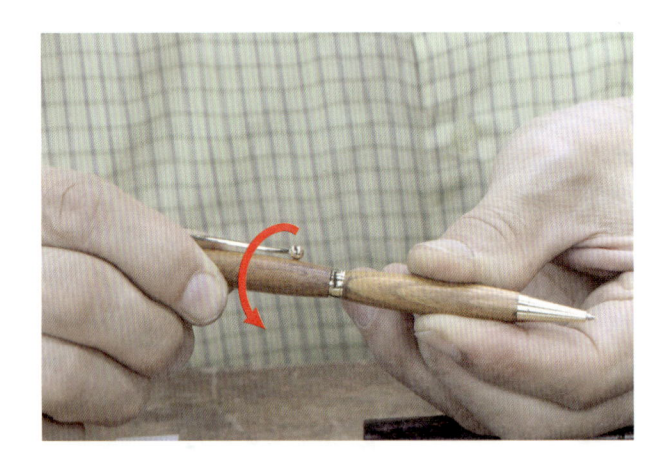

Step 8 原子筆組裝完成。

方法 2 ||| 使用車床組裝

在主軸的木棒與尾座木棒之間放木管和零件，轉動尾座手輪進行壓合組裝。

Step 1 筆身前端先套入筆頭，尾座往前推並固定，兩木棒頂住筆身和筆頭。

Step 2 轉動尾座手輪進行壓接。

Step 3 壓接完成後，拉開尾座。

先鬆放固定桿，拉開尾座

Step 4 另一端套入傳動器,再次把尾座往前推並固定,兩木棒頂住筆身和傳動器。

Step 5 先壓接到傳動器的前端銅環插入木管內為止。

Step 6 旋入筆芯,觀察壓接深度是否適當。

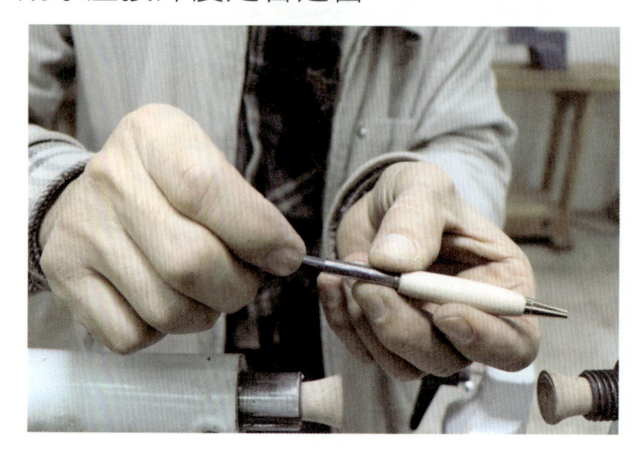

Step 7 發現筆芯不能轉出來到適當位置。

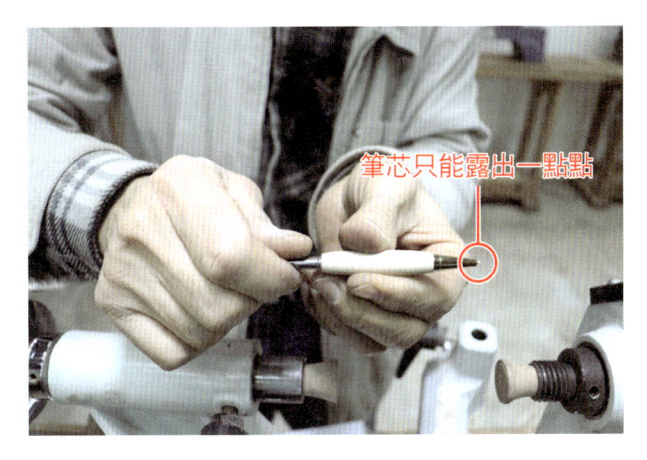

筆芯只能露出一點點

Step 8 取出筆芯,再將傳動器壓入一小段距離。

Step 9 直到筆芯可以轉出來到適當位置。

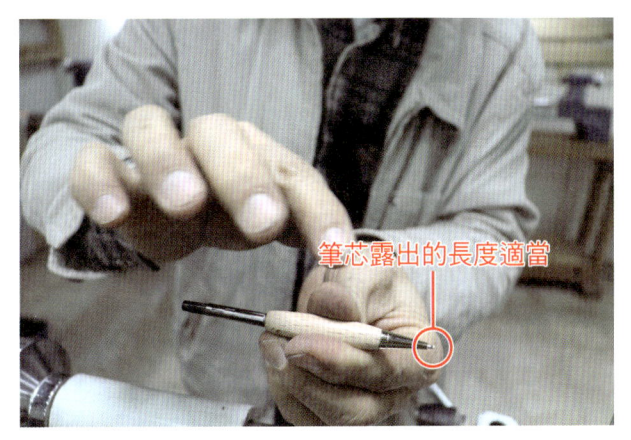

筆芯露出的長度適當

Step 10 另一段木管套入筆夾和筆頂。

Step 11 木管與筆頂筆夾壓接。

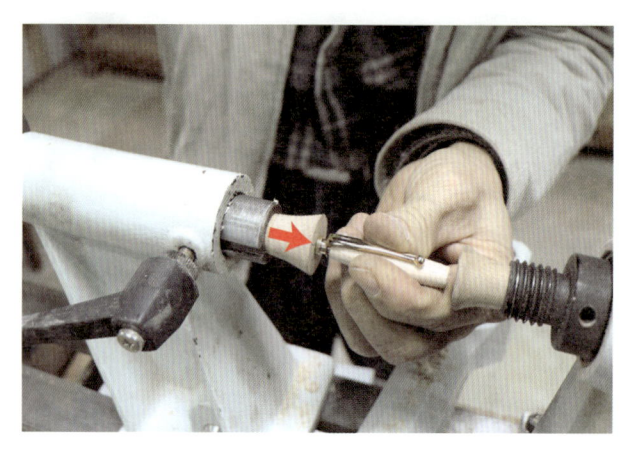

Step 12 套入中圈。

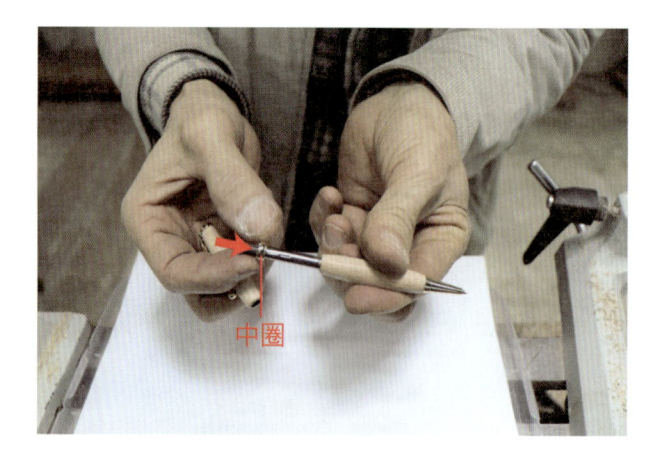

中圈

Step 13 雙手用力將兩段木管接合。

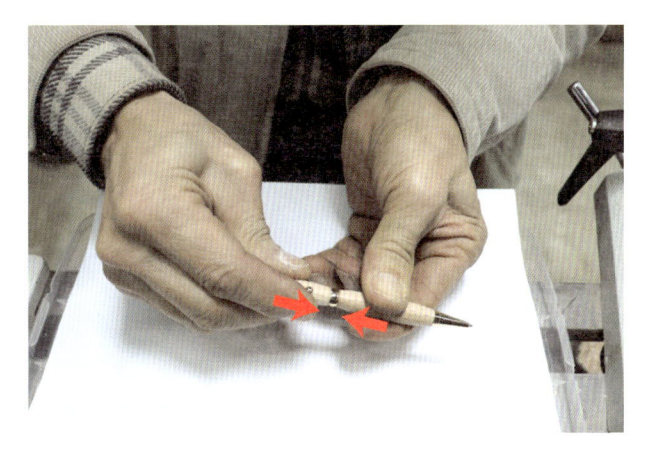

Step 14 轉動後段木管來調整兩段木管紋路位置。

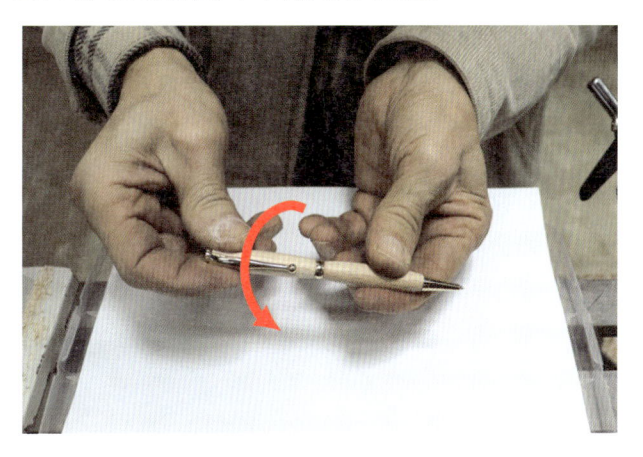

Step 15 原子筆組裝完成。

筆記欄

筆記欄

鋼筆的車製與組裝

微課 5

鋼筆又名墨水筆,是沾水筆的進化版,不需要像沾水筆般每次書寫都不斷地沾墨水,是一種筆桿內藏水性墨水透過重力和毛細管作用持續供墨予筆尖的書寫工具。

本微課將由鋼筆的車製→鋼筆的砂磨與拋光→鋼筆的組裝→其他鋼筆作品,依序介紹。

原子筆可以設計有筆蓋或沒筆蓋，就看這枝筆的操作結構如何，像本書介紹的原子筆是利用傳動器旋轉來操作筆芯收縮或伸出，所以不用筆蓋，但是鋼筆一定是有筆蓋和筆身兩部分，其中筆蓋部分的組件有筆頂、筆夾、筆蓋本體、筆蓋前端等；筆身部分的組件有筆帽、筆桿本體、筆基、握位、筆舌、筆尖、上墨系統等。

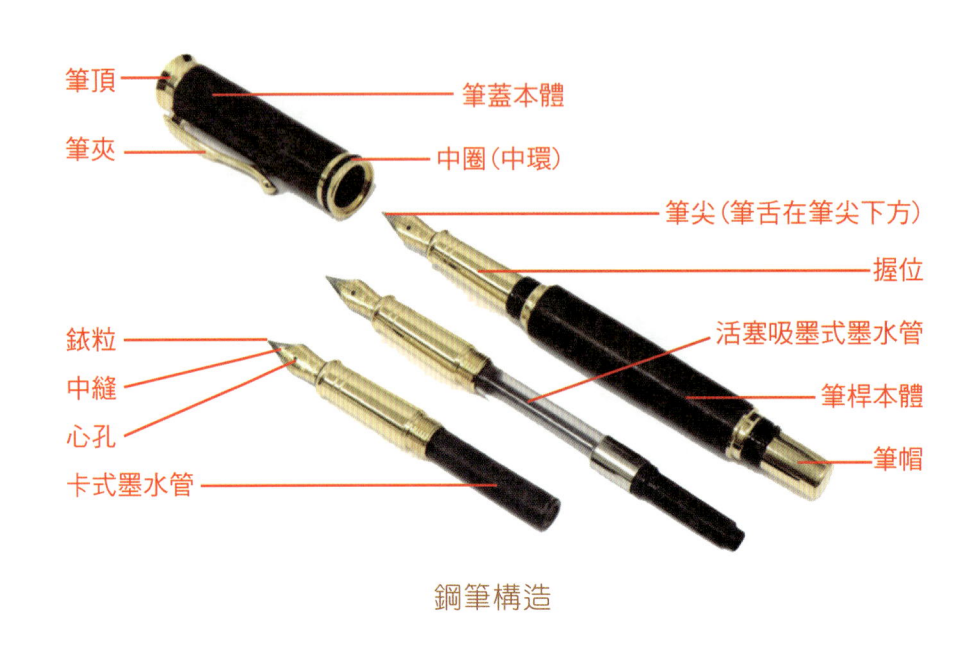

鋼筆構造

市面上木鋼筆套件有數十種，這裡選用一款名叫聖多娜的鋼筆套件進行施作說明，此款鋼筆套件筆蓋和筆身的銅管不同，使用的鑽頭與襯套就不一樣，木頭規格也必須配合銅管，如表所示。

銅管外徑	木塊大小	鑽頭（直徑）	襯套（外徑）
筆蓋 12.3mm	20 × 20 × 50 mm	12.5 mm	14.3 mm
筆身 10.2mm	20 × 20 × 54 mm	10.4 mm	12.2 mm

5-1 鋼筆車製

木頭先經過鑽孔，塞銅管和端面整平等前置作業後，接下來就要進行車製。

Step 1 將製筆軸芯插入車床主軸。

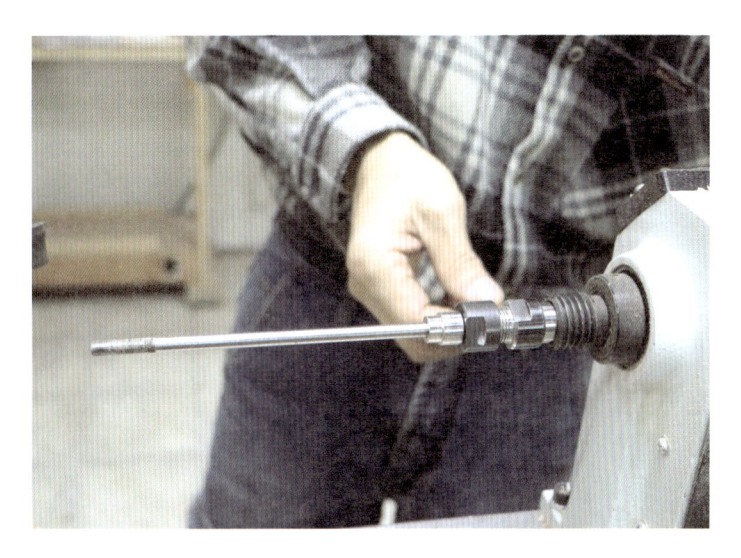

Step 2 依序將筆蓋襯套、筆蓋木管、筆蓋襯套、筆身襯套、筆身木管、筆身襯套套入製筆軸芯。

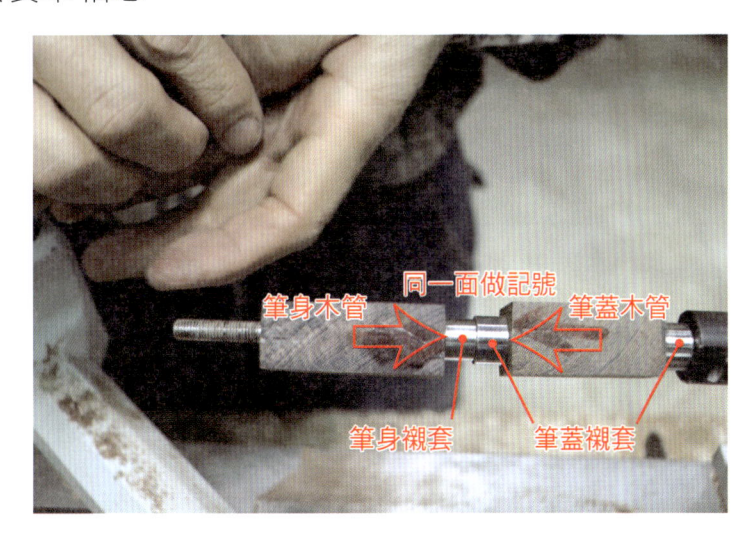

Step 3 螺絲鎖緊。

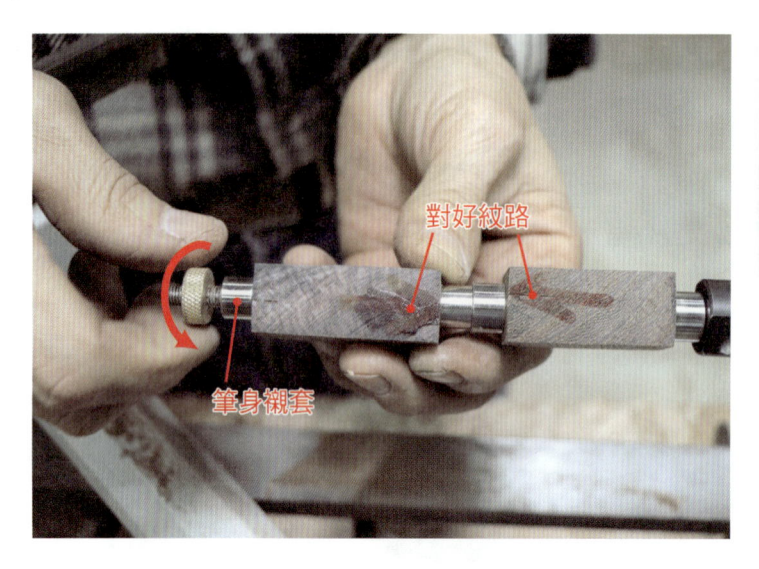

⚠️ 注意
筆身木管與筆蓋木管的紋路先對好

對好紋路

筆身襯套

Step 4 尾座往前推頂住製筆軸芯。

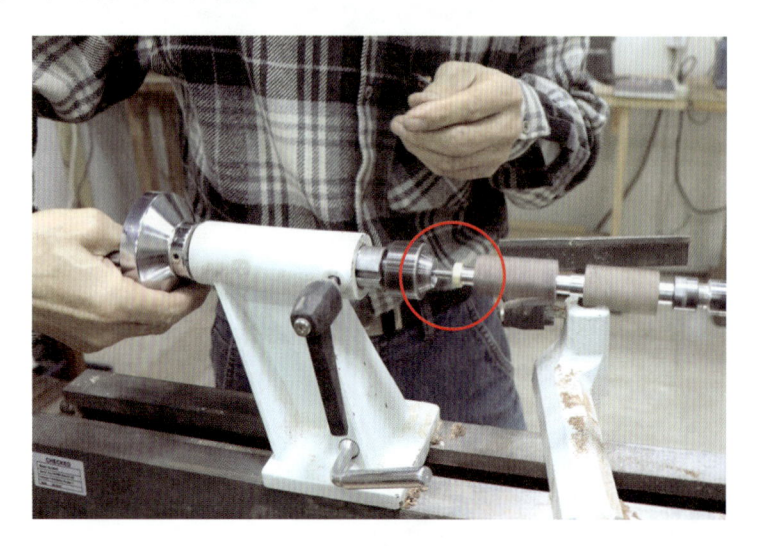

Step 5 調整刀架位置。

Step 6 因為使用橫紋木頭,所以往右邊車削時,車刀面往右邊方向,用右刀角橫向車削。

Step 7 往左邊車削時,車刀面往左邊方向,用左刀角橫向車削。

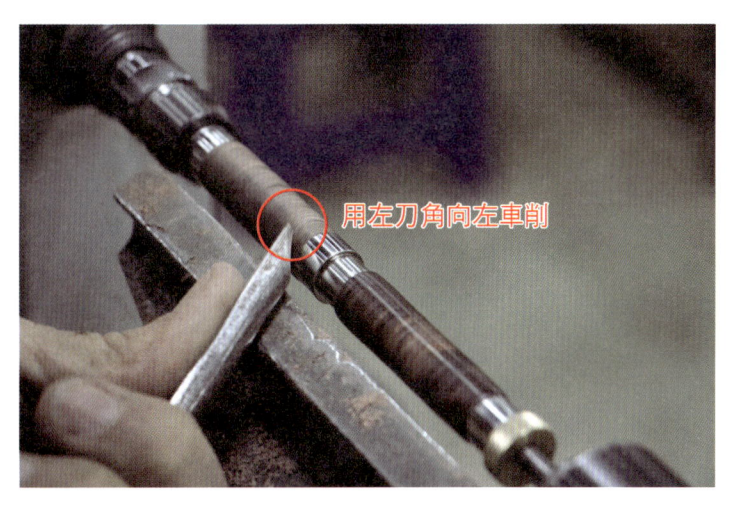

Step 8 車削到木管與襯套等高。

5-2 鋼筆砂磨與拋光

Step 1 選用較粗砂紙（120、150 或 180 號）開始砂磨。

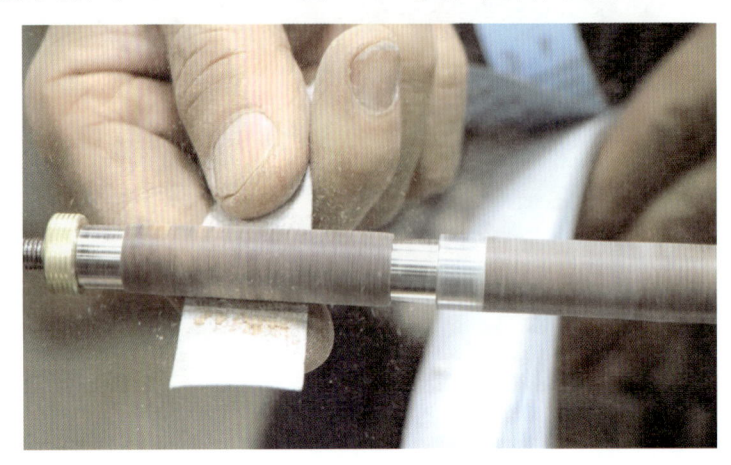

Step 2 砂紙依序換細砂紙磨到 2000 號。

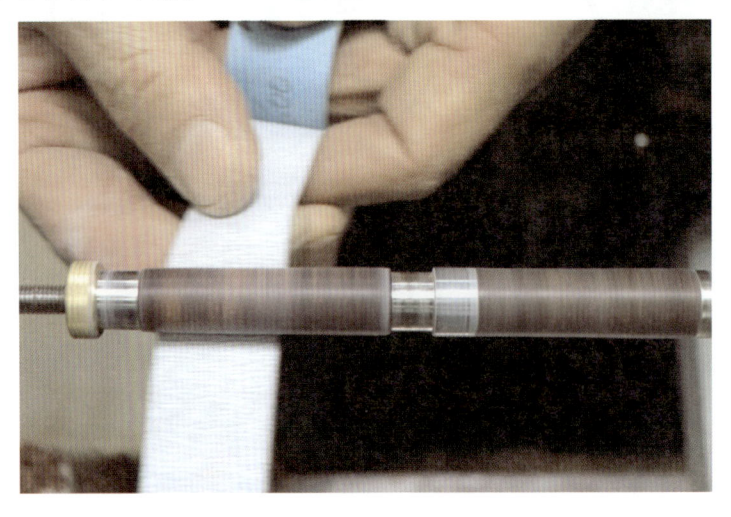

Step 3 用木屑拋光。

微課 5　鋼筆的車製與組裝　75

Step 4 拋光完成，鬆開螺絲取出木管準備組裝。

老師說 ▶
砂磨一開始選用粗砂紙，再依序用 120 號、150 號或 180 號，磨完後，再換細砂紙磨到 2000 號，最後再以木屑拋光筆筒即可。

5-3 鋼筆組裝

鋼筆有筆身與筆蓋兩段木管，筆身兩端筆蓋兩端共四端的組合，組合順序的考量因素就是紋路要對好！一般是先組合筆身前端（筆基），其次是筆蓋前端（筆蓋與筆尖接觸端），接下來是筆蓋後端（有筆夾這一端），最後是筆身後端（筆帽）。

Step 1 先排好套件與木管的組合位置，確定壓接順序。

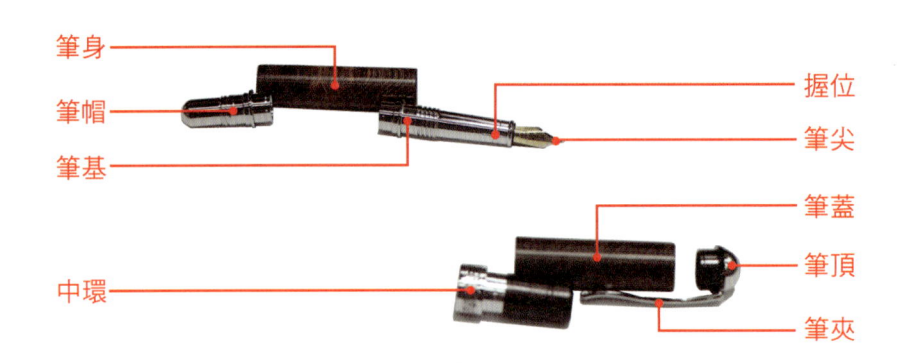

- 筆身
- 筆帽
- 筆基
- 中環
- 握位
- 筆尖
- 筆蓋
- 筆頂
- 筆夾

Step 2 先拿筆身木管組合筆身前端（筆基），挑想要的紋路對齊筆尖。

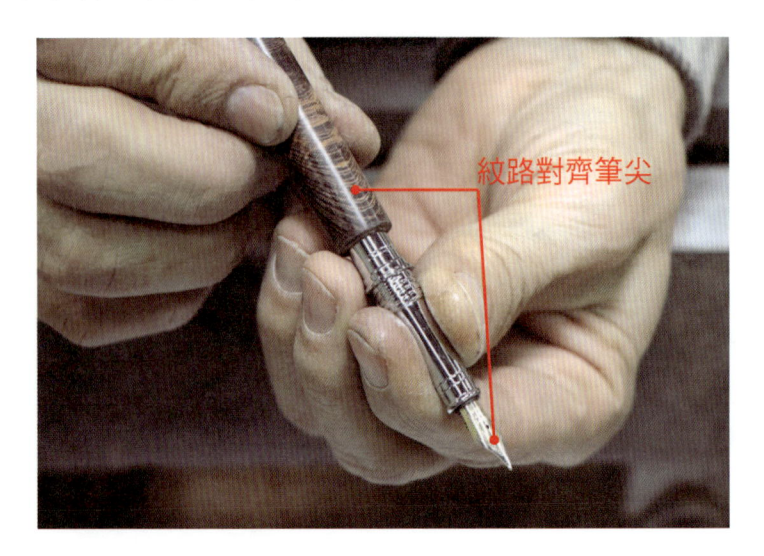

紋路對齊筆尖

Step 3 留住筆基，暫時卸下握位和筆尖。

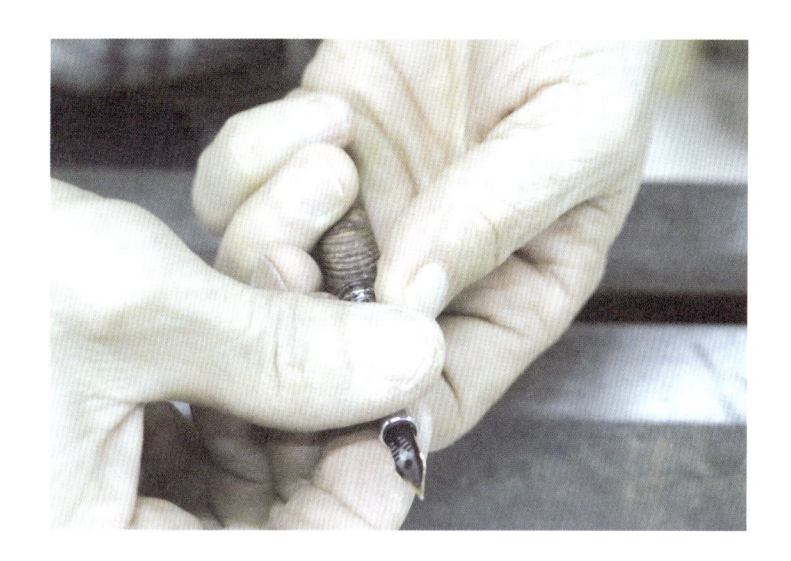

Step 4 筆基與筆身木管壓接。

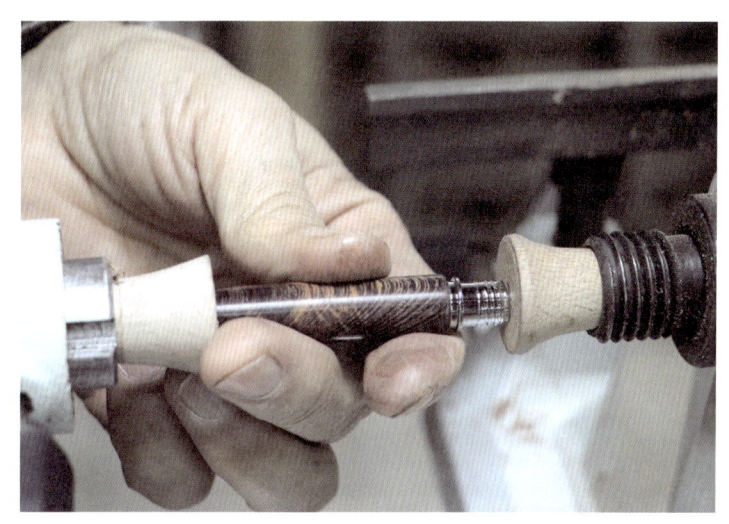

Step 5 再將握位和筆尖裝回去。

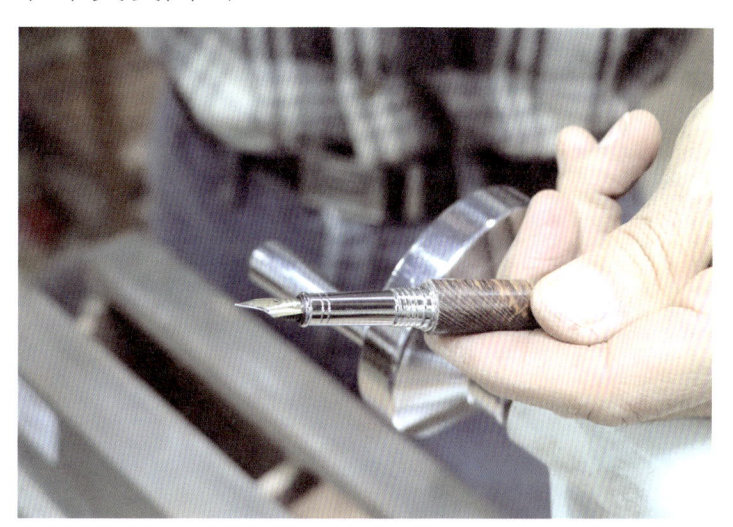

Step 6 旋入筆蓋前端（中圈）。

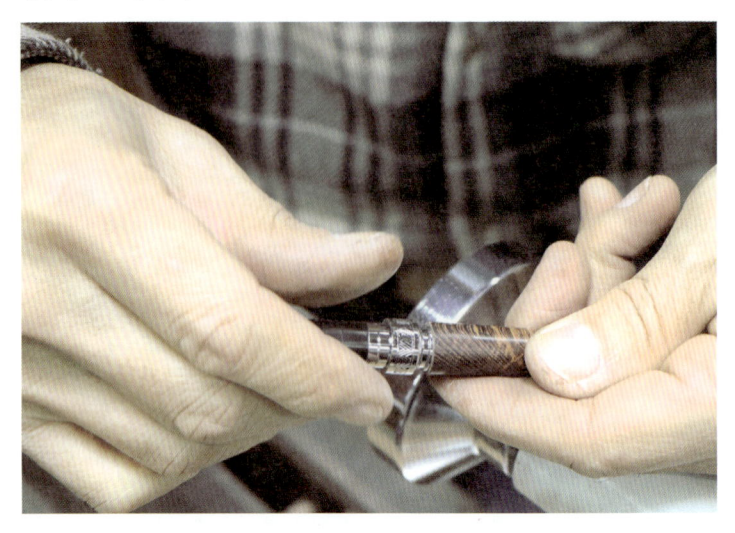

Step 7 筆蓋木管紋路對好筆身木管紋路。

Step 8 確定筆蓋木管紋路已經對好筆身木管紋路。

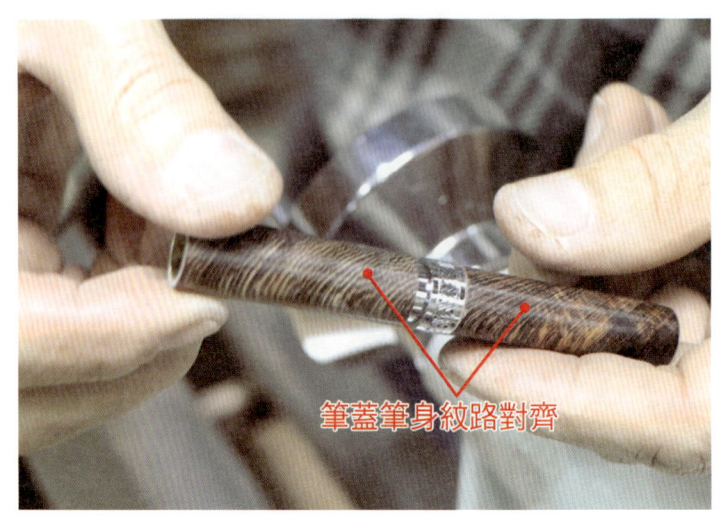

筆蓋筆身紋路對齊

Step 9 筆蓋木管和筆蓋前端（中圈）壓接。

Step 10 筆蓋前端壓接完成。

Step 11 筆蓋後端接筆頂和筆夾進行壓接。

Step 12 筆夾壓接完成。

Step 13 筆身後端套入筆帽（尚未壓接），將筆蓋旋入筆帽。

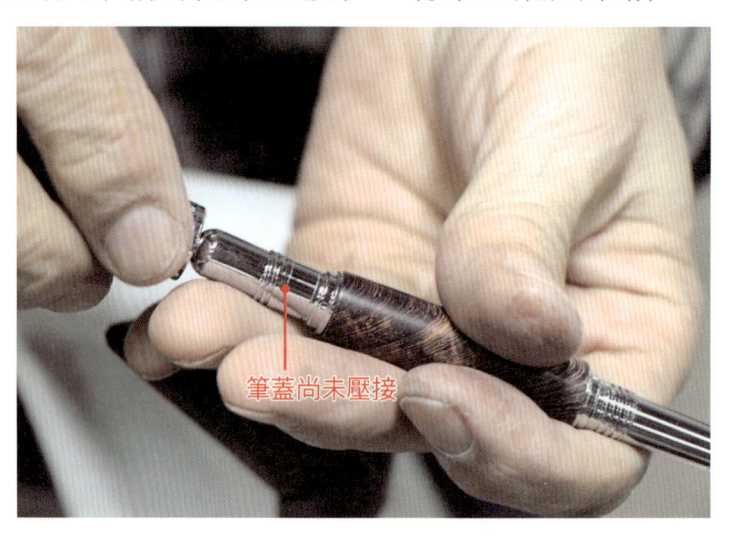

筆蓋尚未壓接

Step 14 轉動筆帽，使筆夾與筆尖對齊，這時候確定筆帽位置不要跑掉。

Step 15 將筆蓋和筆尖拿開，筆身與筆帽進行壓接。

Step 16 筆身再接上筆尖和墨水管，並旋上筆蓋，完成組裝。

Step 17 聖多娜鋼筆成品。

5-4 其化鋼筆作品

黑檀木（美式鋼筆）

黑檀木（古典鋼筆）

黑檀木（邱吉爾鋼筆）

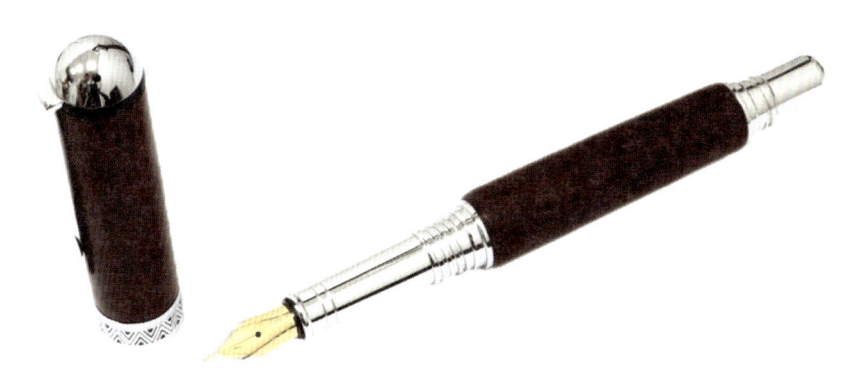

非洲花梨木（聖多娜鋼筆）

孟宗竹（小勝利鋼筆）

實作題

1 雷射手工筆

請實際製作雷射手工筆，選用合適木材配合材料，並依照銅管大小製作及組裝雷射手工筆。

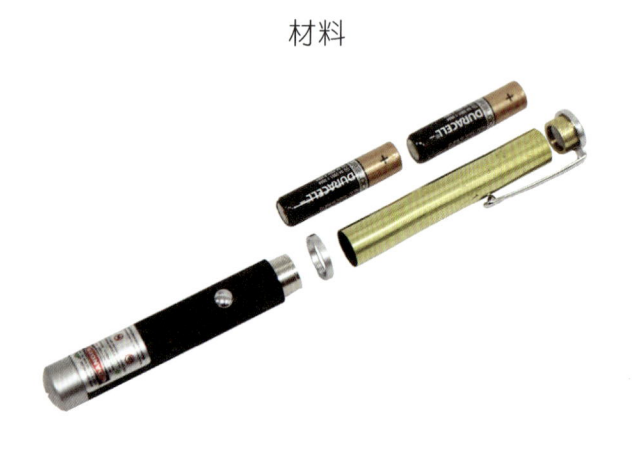

材料

成品

創客指標

外形	機構	電控	程式	通訊	人工知慧	創客總數
2	2	1	0	0	0	5

MLC 創客學習力認證

實作時間：180 分鐘

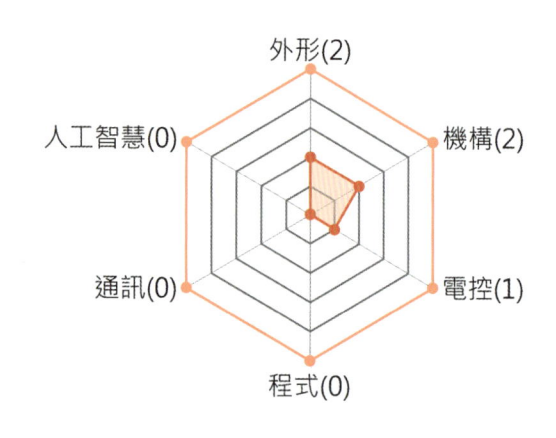

- 外形(2)
- 機構(2)
- 電控(1)
- 程式(0)
- 通訊(0)
- 人工智慧(0)

創客題目編號：B006001

自動鉛筆的組裝

微課 6

自動鉛筆又稱自動筆或活動鉛筆,是一種固體顏料芯可更換並且可以機械伸縮的鉛筆。鉛筆芯與外殼不是固定相連的,通常由石墨構成,當它的前端磨損的時候,可以向外延長。

本微課將由自動鉛筆套件介紹→自動鉛筆組裝→其他自動鉛筆作品,依序介紹。

6-1 自動鉛筆套件介紹

下圖是自動鉛筆套件，這組套件的銅管與本書介紹的原子筆套件銅管一樣，外徑約 6.8mm 長約 51mm，所以木頭的車製方法可以完全參照微課 1~微課 3 內容。

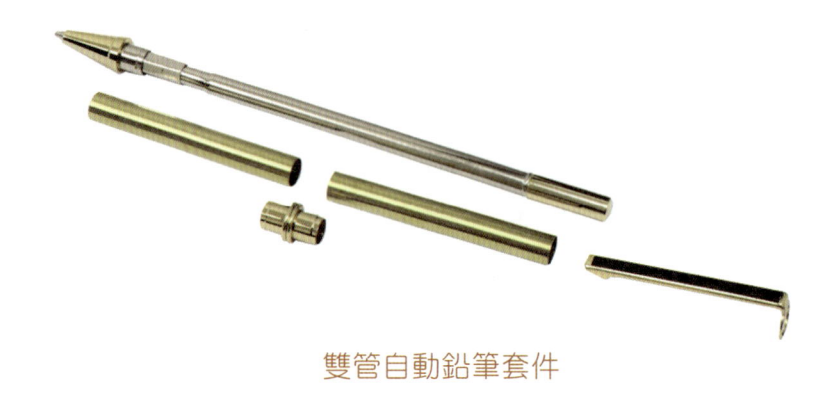

雙管自動鉛筆套件

因為這枝自動鉛筆是利用筆尾端按壓方式壓出筆芯，兩木管都不裝傳動器，而是用一銅環固定這兩個木管。也因此，還有一款鉛筆套件是將兩個銅管改成一個長約 108mm 的銅管，如下圖所示。

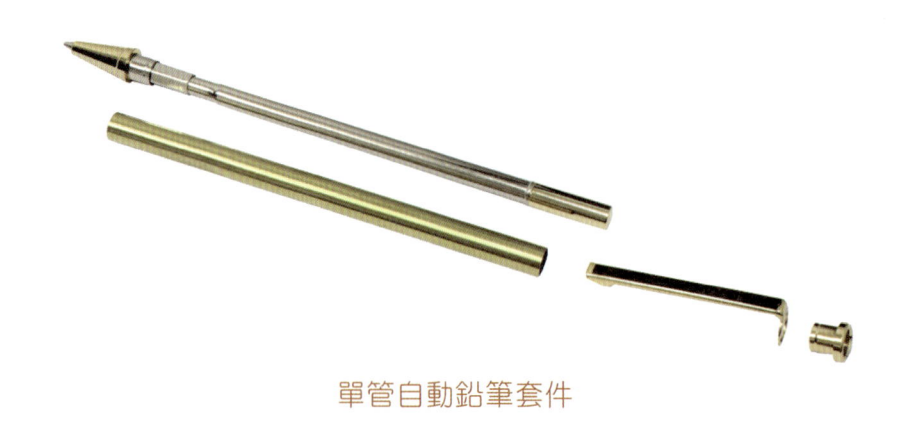

單管自動鉛筆套件

使用單一長銅管的好處是整枝筆桿形狀有連貫性，比較好發揮造型。但是，將近 11 公分長的木頭鑽孔比較困難，要準備長鑽頭，鑽孔過程中要有許多次的排屑動作。

6-2 自動鉛筆組裝

Step 1 先把木管和套件排好。

- 筆頭
- 小鐵環
- 木管
- 筆夾
- 筆頂環

鉛筆組裝之紙上作業

Step 2 把套件中的筆頭旋開，取出小鐵環。

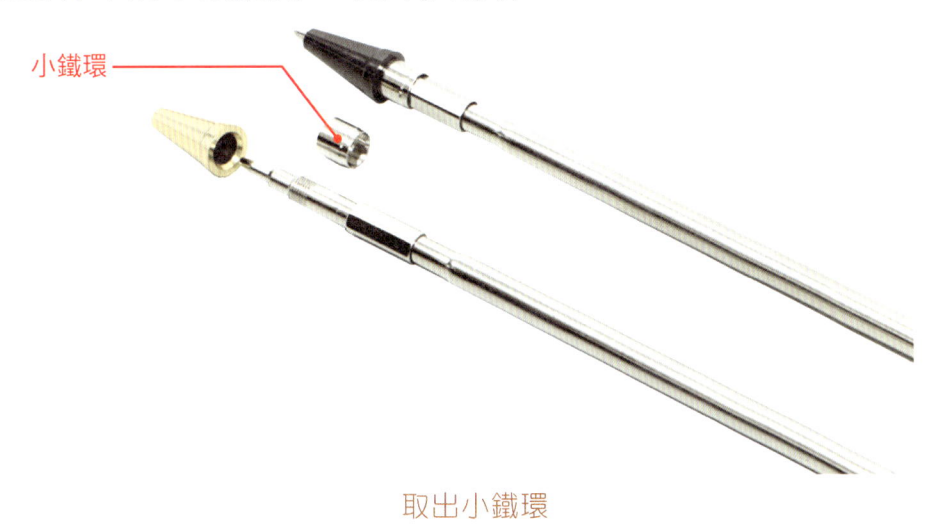

- 小鐵環

取出小鐵環

Step 3 木管後端套入筆夾和筆頂環，並對好紋路。

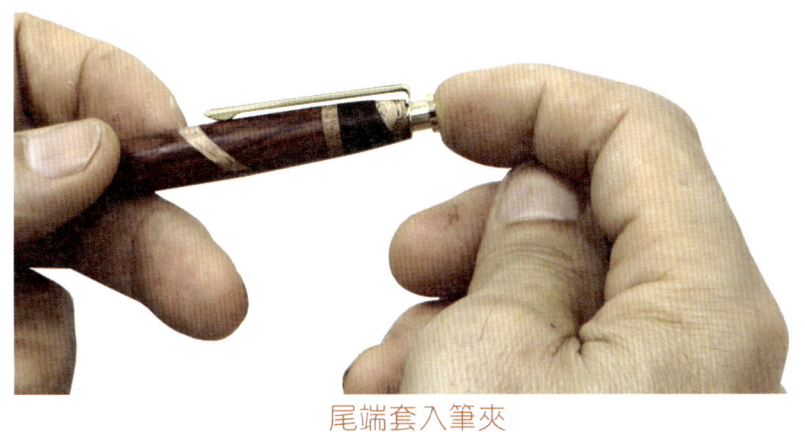

尾端套入筆夾

Step 4 木管與筆頂環筆夾壓接。

壓接筆夾

Step 5 木管另一端套入小鐵環壓接。

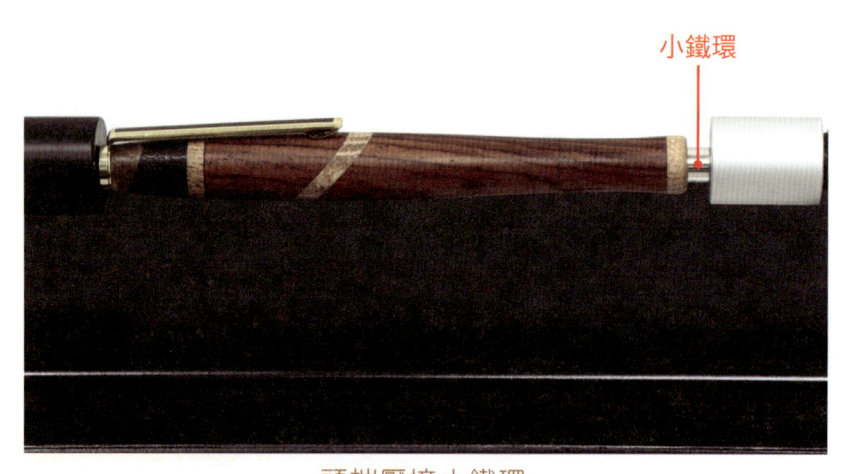

小鐵環

頭端壓接小鐵環

Step 6 裝有筆芯的金屬細管從木管尾端套入。

筆芯鐵管從尾端套入

Step 7 金屬細管從木管另一端露出，鎖上筆頭即完成組裝。

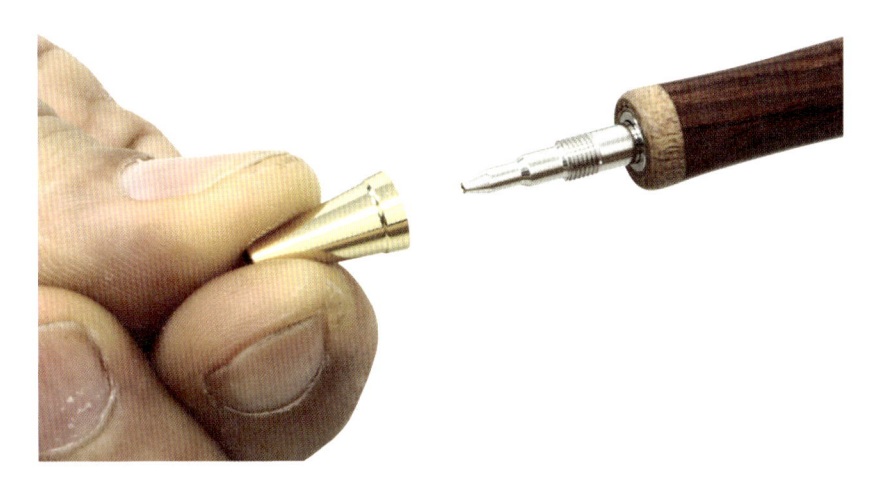

筆頭組裝

組裝完成

6-3　其他自動鉛筆作品

以下有幾枝使用雙木管或單木管組成的自動鉛筆成品供參考。

黑檀木自動鉛筆

非洲花梨木

微課 6　自動鉛筆組裝

黑檀木心材和白標

黑檀木、非洲花梨木和竹籤拼接

實作題

1 磁吸式多工筆（起子）

請實際製作磁吸式多工筆，選用合適木材配合材料，並依照銅管大小製作及組裝磁吸式多工筆（起子）。

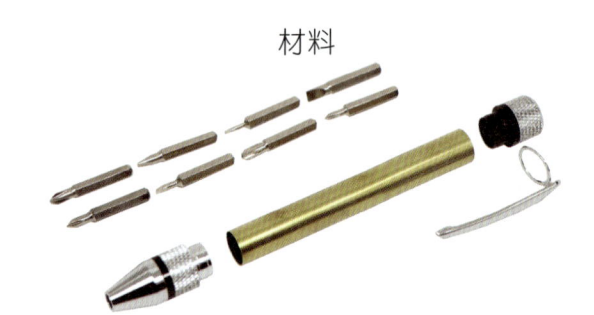

材料

成品

創客指標

外形	機構	電控	程式	通訊	人工知慧	創客總數
2	2	0	0	0	0	4

MLC 創客學習力認證
實作時間：180 分鐘

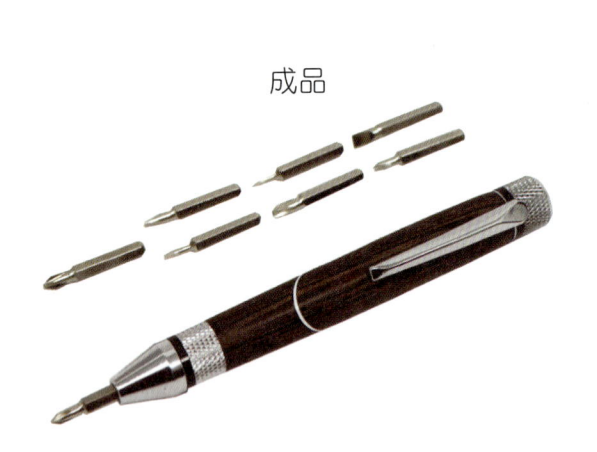

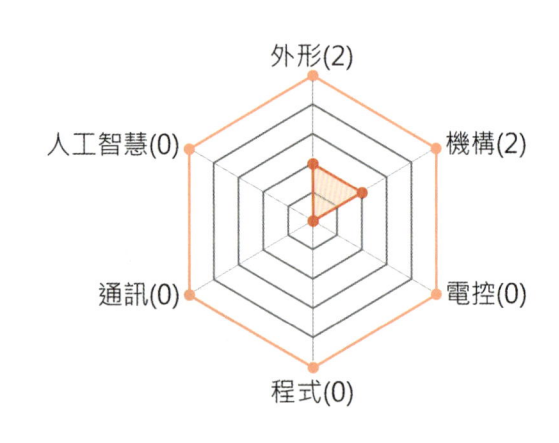

創客題目：B006002

2 粉筆夾

請實際製作粉筆夾，選用合適木材配合材料，並依照銅管大小製作及組裝粉筆夾。

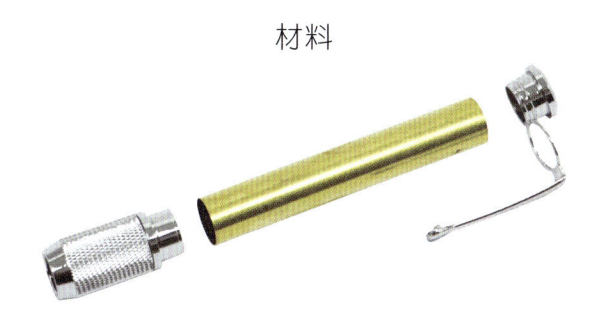

材料

成品

創客指標

外形	機構	電控	程式	通訊	人工知慧	創客總數
2	2	0	0	0	0	4

MLC 創客學習力認證
實作時間：180 分鐘

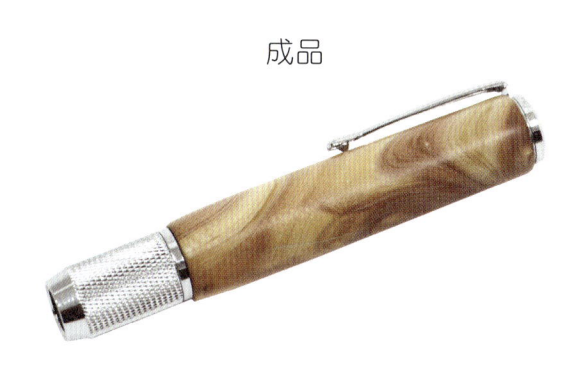

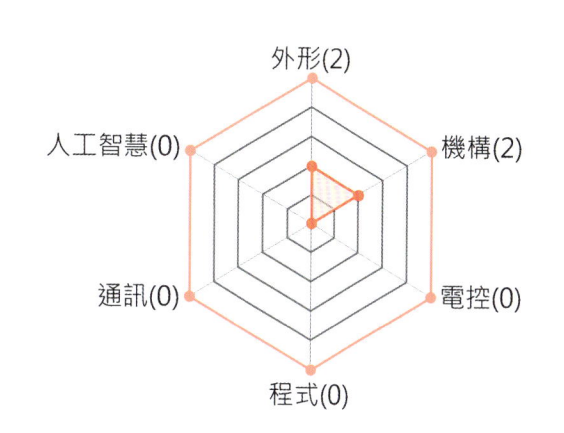

外形(2)
機構(2)
電控(0)
程式(0)
通訊(0)
人工智慧(0)

創客題目：B006003

筆記欄

附錄

附錄 1 木頭拼接

附錄 2 橫紋亂紋的車法

附錄 3 錐形襯套應用

附錄 4 木筆雕刻

附錄 1　木頭拼接

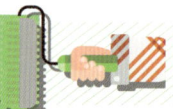

　　將不同顏色不同紋路的木頭拼接來做木筆材料，往往會有意想不到的美麗圖案呈現。拼接木頭的方法不會太複雜，除非打算做很複雜的圖案。如果只要將 A、B 兩種木頭進行拼接，基本款式有縱拼接、斜拼接、橫拼接。我們可以用白膠、太棒膠、AB 膠（適用於木頭與金屬或塑膠黏合）或瞬間接著劑作為黏著劑，將兩邊分別塗上黏著劑，黏好後用夾子、鉗子或橡皮筋固定木頭，等待黏著劑硬化後，就可以使用了。

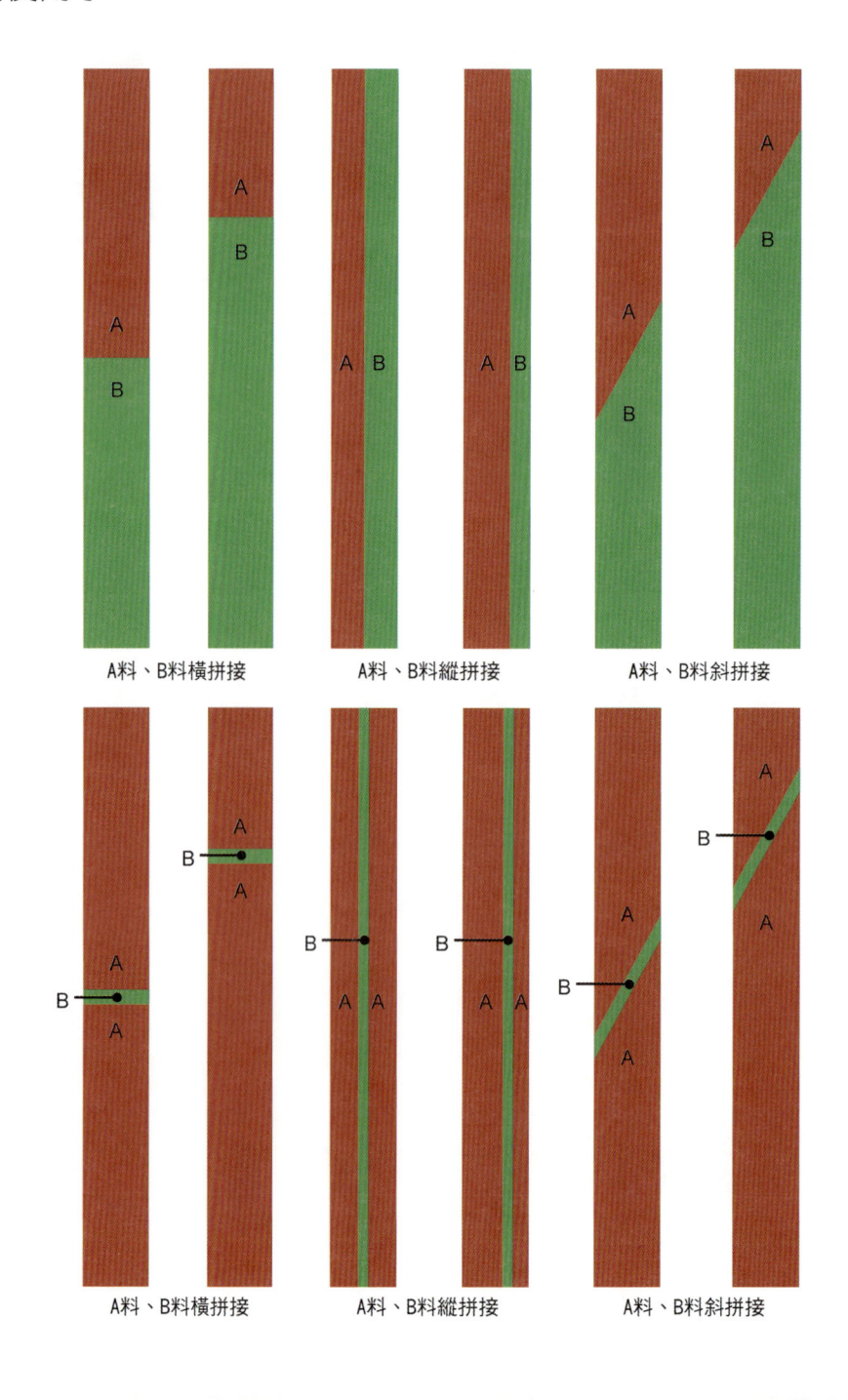

A料、B料橫拼接　　　A料、B料縱拼接　　　A料、B料斜拼接

A料、B料橫拼接　　　A料、B料縱拼接　　　A料、B料斜拼接

Step 1 上太棒膠。

Step 2 盡量塗均勻。

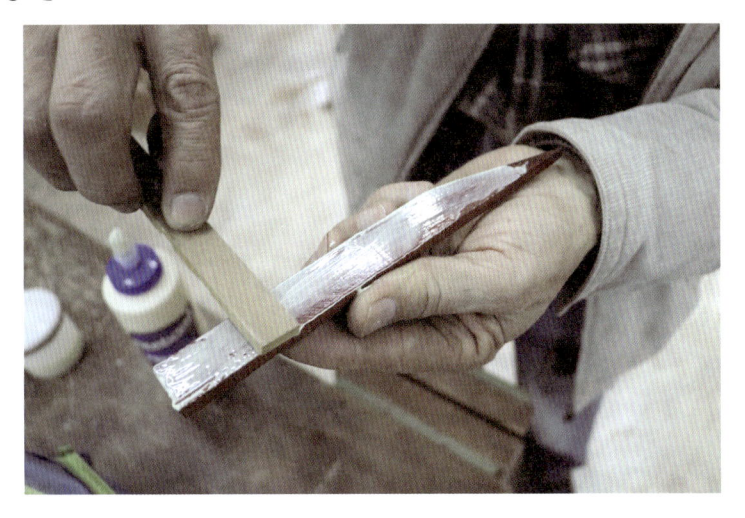

Step 3 用鉗子固定木頭，等待黏著劑硬化。

Step 4 或是用橡皮筋固定木頭，等待黏著劑硬化。

Step 5 各樣式之拼接木頭（材料和成品）。

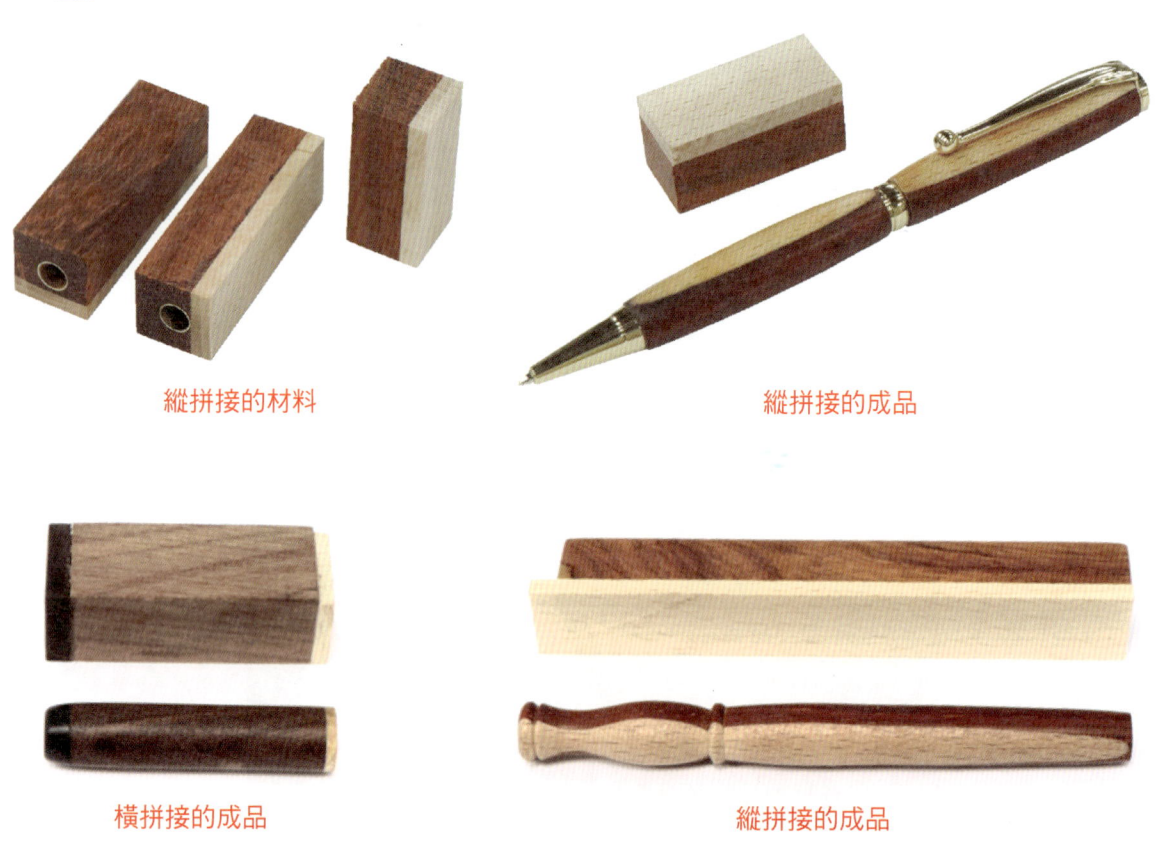

縱拼接的材料

縱拼接的成品

橫拼接的成品

縱拼接的成品

附錄 1　木頭拼接

木頭併接有無限的創作空間，還有利用竹籤竹筷併接木頭也很好看，此外，使用廢棄的信用卡與木頭併接，也有不錯的效果。

方法 1　卡片與木頭斜拼接

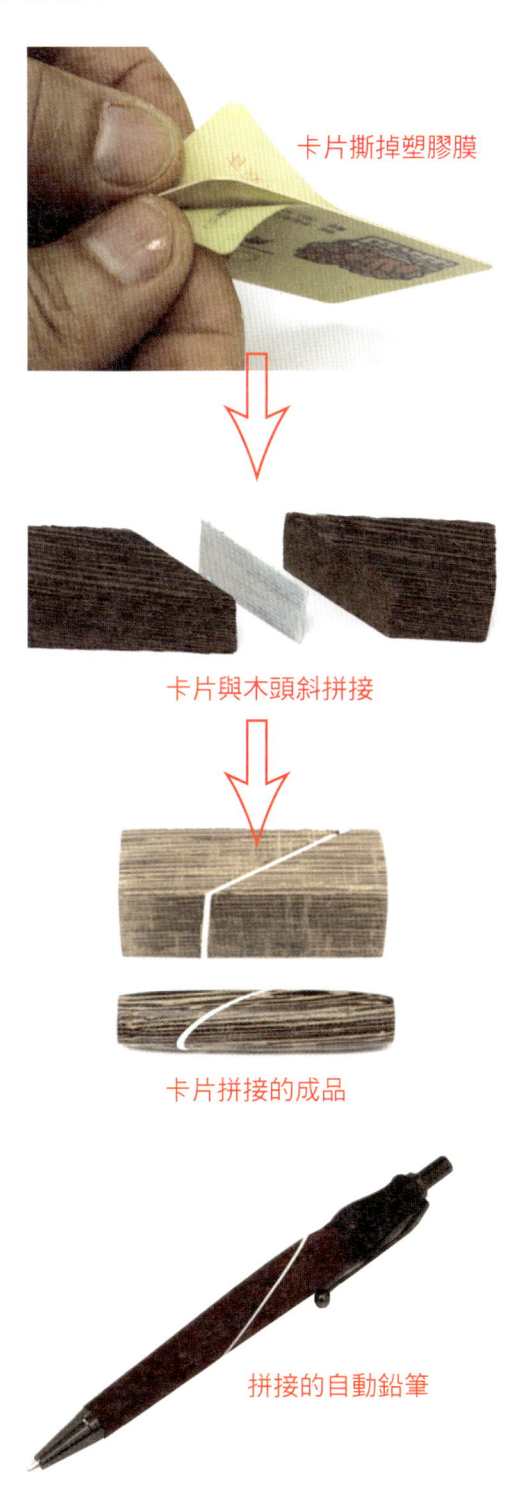

卡片撕掉塑膠膜

卡片與木頭斜拼接

卡片拼接的成品

拼接的自動鉛筆

方法 2 ||| 竹籤與木頭拼接

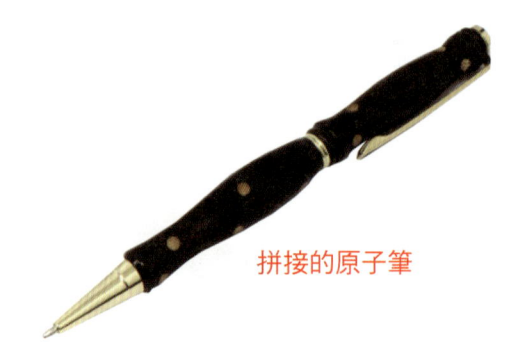

竹籤與木頭拼接

竹籤拼接的成品

拼接的原子筆

附錄 2　橫紋亂紋的車法

　　紋路比較亂的木頭或是橫紋木頭車出來的木筆很好看，但是很難車削，因為不管車刀車削的角度、車削的方向如何，就是會遇到逆紋的問題，造成木頭斷裂，失敗率很高，而且橫紋木亂紋木在鑽孔時也很容易斷裂，鑽孔時也要注意。如圖所示，木頭下方墊另一塊木頭，然後使用鑽床鑽孔，鑽到最後時，木頭後端才不會發生斷裂。或是木頭準備長一點，鑽孔不要鑽穿，只鑽到超過應鑽長度即可，再切掉多餘（未鑽穿）的木頭。

待鑽孔木頭

底下墊一塊木頭

Step 1 以車直紋的刀法車橫紋木頭。

Step 2 逆紋車削造成木頭斷裂。

橫紋木、亂紋木的車削技巧：由外往中間車削，車刀勿與木管呈現 90 度角度車削，而是橫向車削（往左邊車削時，車刀面就往左邊方向；往右邊車削時，車刀面就往右邊方向），薄薄地車削（車削量要少）！

Step 1 由外往中間車削。

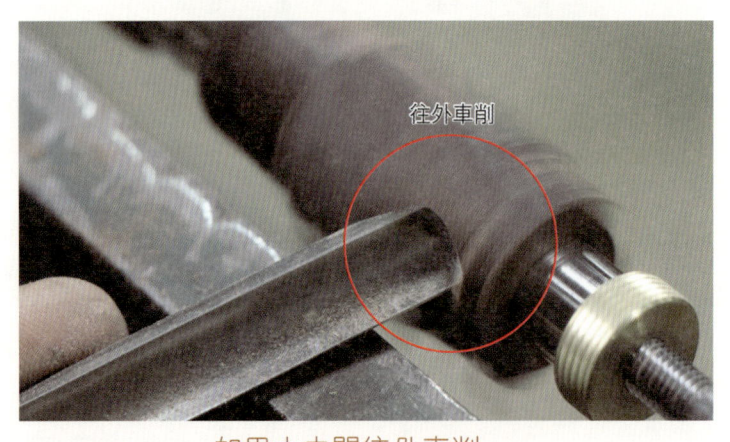

往木管中間車削

老師說▶

1.

往外車削

如果由中間往外車削

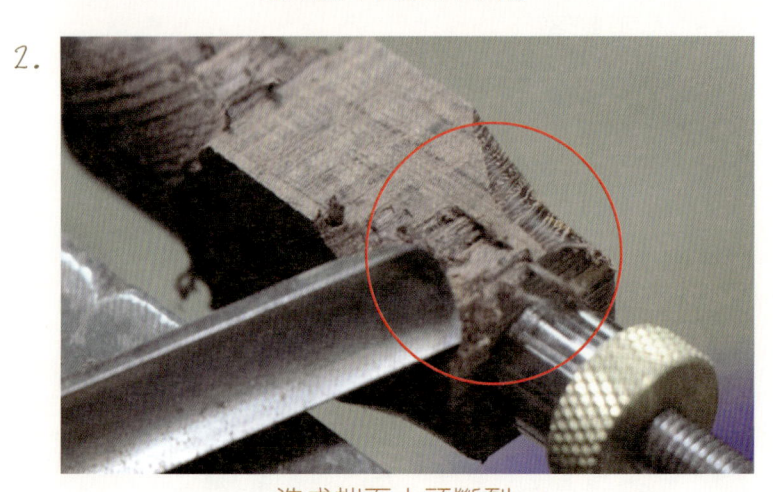

2.

造成端面木頭斷裂

附錄 2　橫紋亂紋的車法

Step 2 往右邊車削時，車刀面往右邊方向，用右刀角橫向車削。

右刀角橫向車削

Step 3 薄薄地車削。

Step 4 往左邊車削時，車刀面往左邊方向，用左刀角橫向車削。

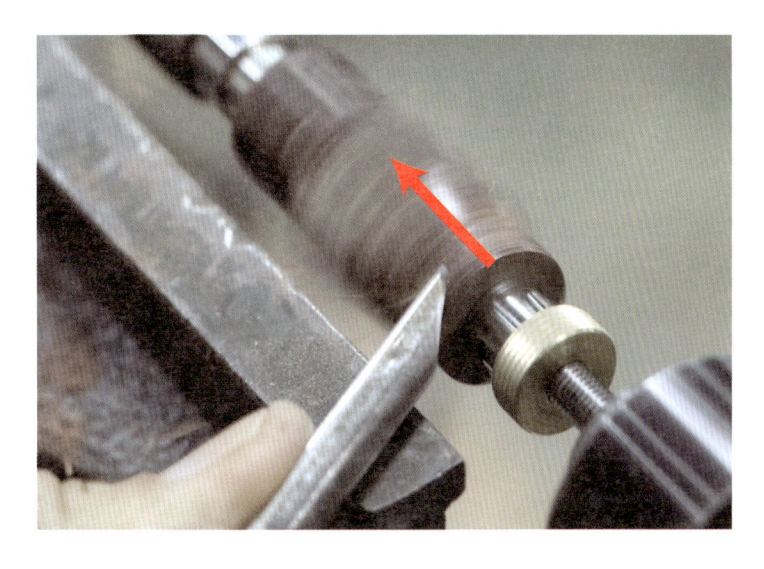

各式木紋作品

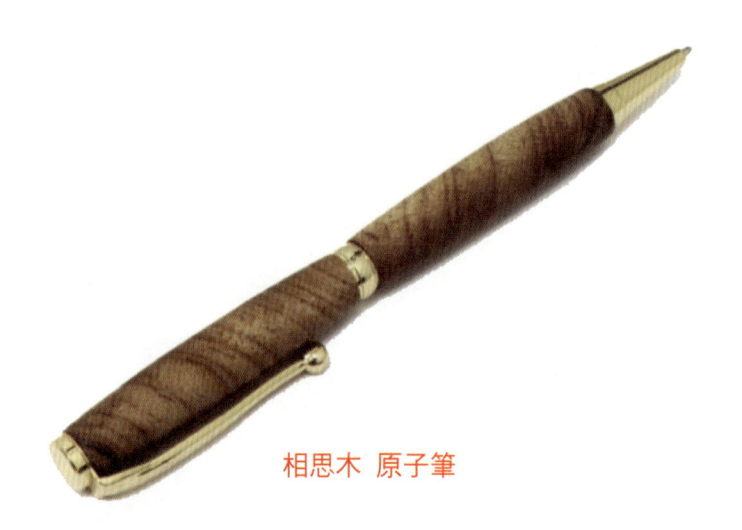

鐵刀橫紋木頭和成品

鐵刀木 原子筆

相思木 原子筆

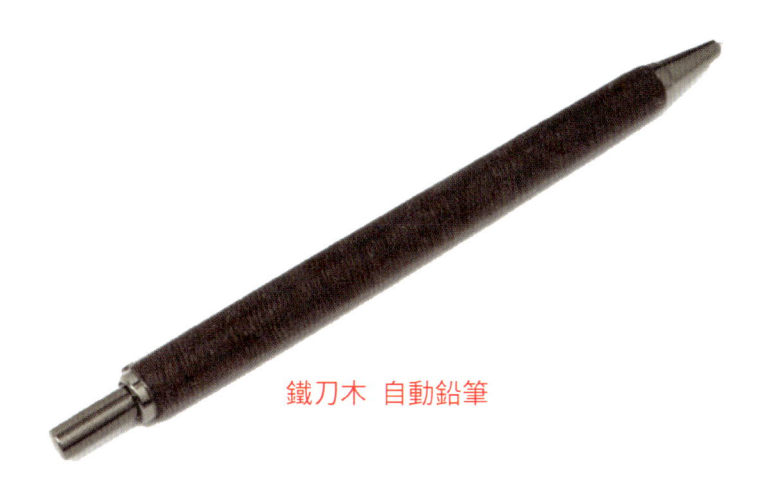

附錄 2　橫紋亂紋的車法　105

鐵刀木　自動鉛筆

鐵刀木（小勝利鋼筆）

鐵刀木　原子筆

龍柏 自動鉛筆

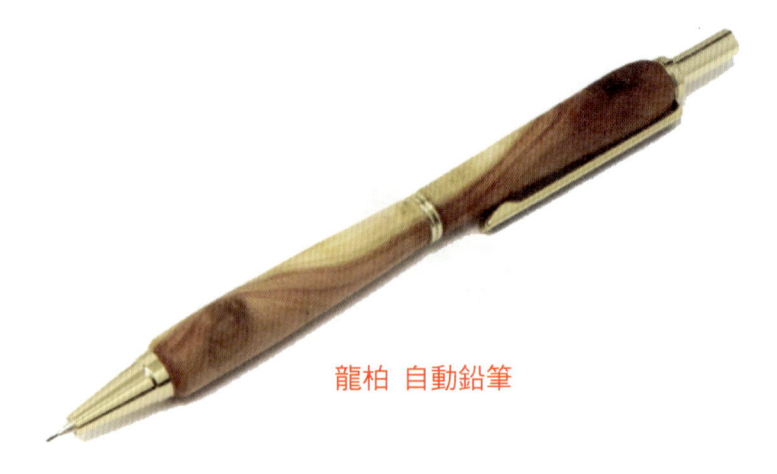

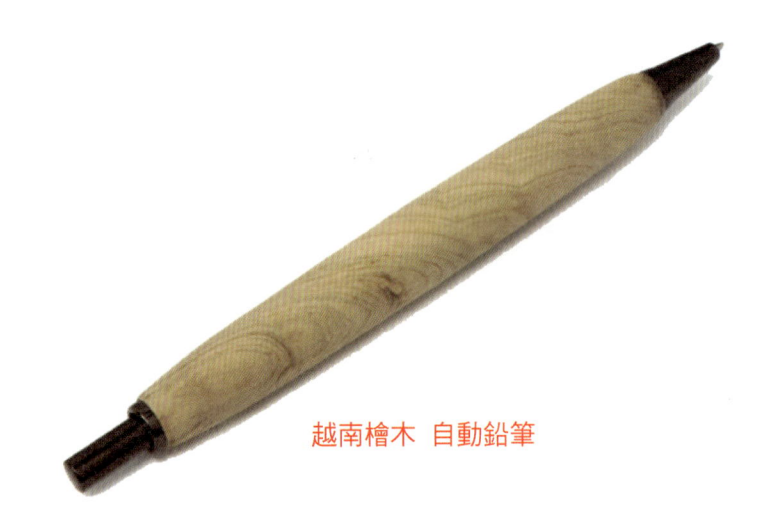

越南檜木 自動鉛筆

附錄 3　錐形襯套應用

　　一般製筆用的軸芯外徑應該都是 6.3mm，本書使用的原子筆套件銅管正好可以套入固定，但如遇到銅管直徑較大，例如：雷射筆，銅管直徑與軸芯不吻合，怎麼辦呢？

專用襯套

Step 1 解決的方法不是換一支粗一點的軸芯，而是沿用外徑 6.3mm 的軸芯，再套入專用的襯套來固定木管到軸芯上，如下圖所示。

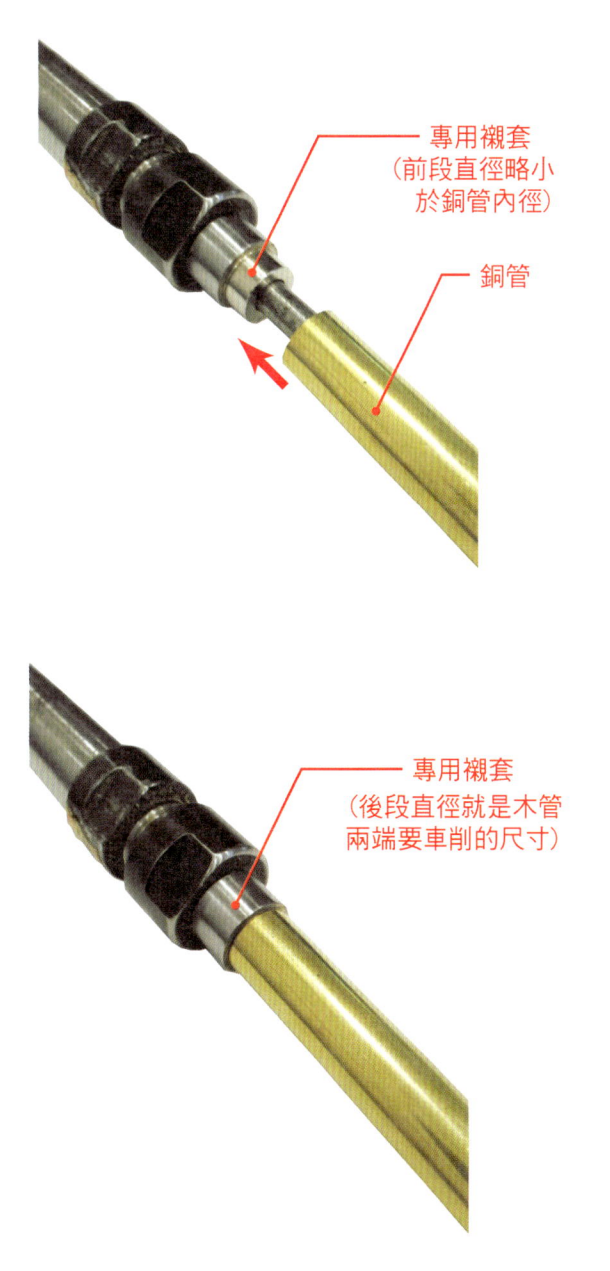

專用襯套
（前段直徑略小於銅管內徑）

銅管

專用襯套
（後段直徑就是木管兩端要車削的尺寸）

錐形襯套

Step 1 可是，如果這一個筆套件只要做個一枝或兩枝，為此花近百元買專用襯套，用完也不再使用，未免太浪費了。這時候可以改用錐形襯套，如圖所示，不管銅管的尺寸如何，都可以用這種錐形襯套來固定木管到軸芯上。

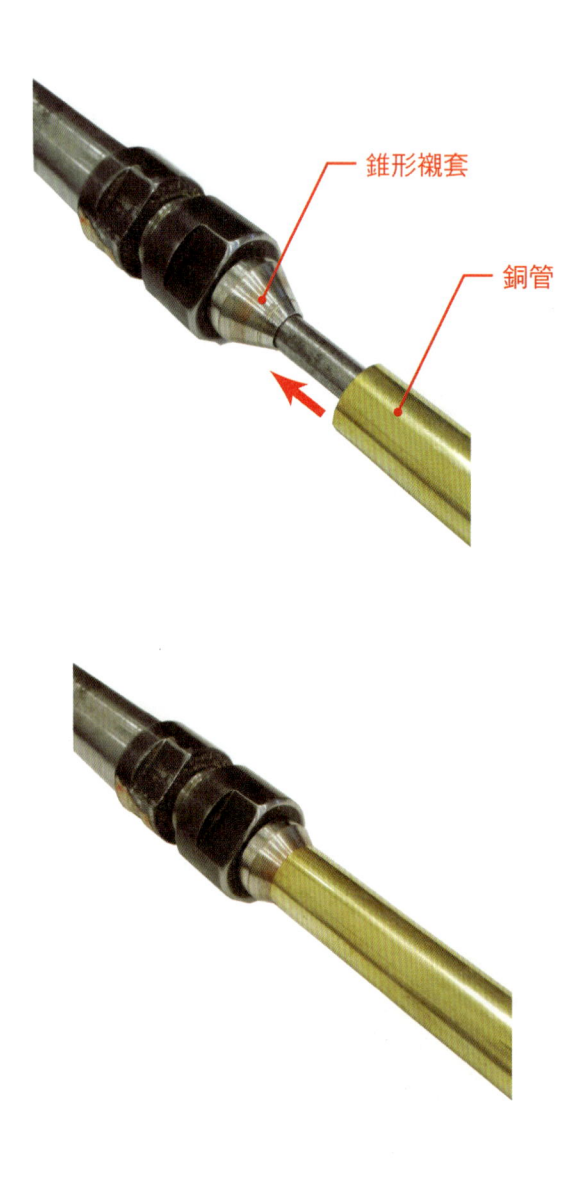

錐形襯套

銅管

附錄 3　錐形襯套應用

Step 2 只不過，錐形襯套不能像專用襯套外層有固定尺寸可供參考，車削木管兩端時要注意兩端的尺寸是否正確。

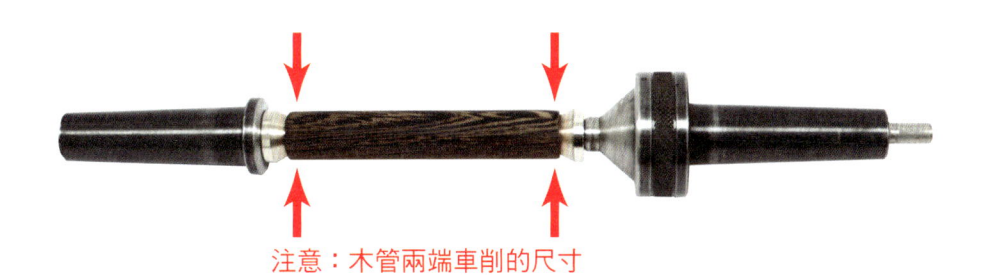

注意：木管兩端車削的尺寸

老師說 ▶

襯套可區分為專用襯套及錐形襯套。

專用襯套尺寸固定，只適合某一尺寸筆管使用，使用性較低。

錐形襯套尺寸較為彈性，使用性較高，但要注意車削木管時，兩端尺寸是否正確。

附錄 4　木筆雕刻

　　木筆組裝完成後，若是在筆身上簽名，或是畫上特別的符號或圖案，就有一隻漂亮、高貴又有識別度的木筆創作。公司行號、機關團體、學校社團可以打上圖騰，變成專屬木筆，讓擁有的人有歸屬感，所以這一章我們來研究如何給木筆作品簽名或畫圖。

　　要在木筆上簽名或做任何圖案，有很多方法，以下幾個方法可以參考：

方法 1　畫

　　用適當的畫筆在作品上直接簽名或畫圖，奇異筆等油性筆比較適合，像彩色筆這種水性筆效果比較差，不建議使用。要注意一點，如果木筆想直接用畫筆簽名或畫圖，那麼木筆製作過程就不要上漆或上蠟，否則任何筆墨水都附著不上筆身。

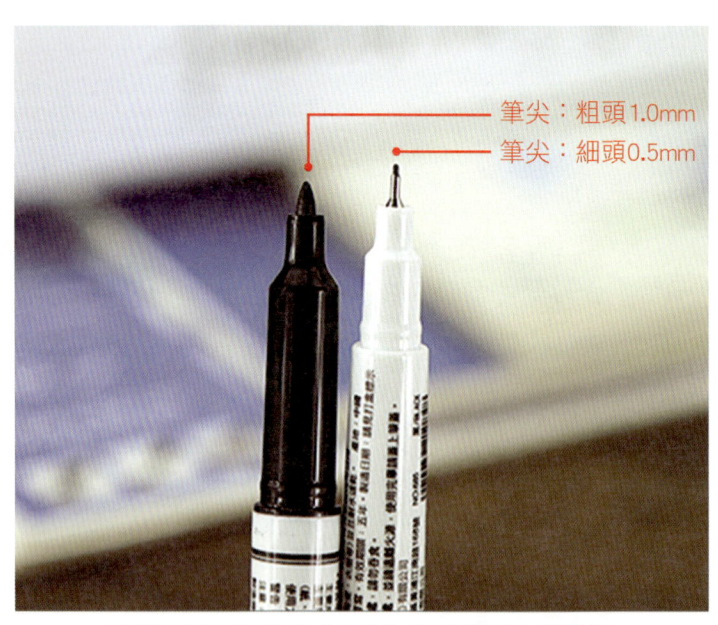

筆尖：粗頭1.0mm
筆尖：細頭0.5mm

用適當的畫筆在作品上直接簽名或畫圖

方法 2 ||| 雕刻

木筆小小一枝，又是圓圓的，在木筆身上要雕刻名字或圖案，不是容易的事，一般的雕刻刀確實難用，除非經驗豐富的師傅。使用電動雕刻機或是氣動雕刻機是不錯的選擇，只要稍加練習即可上手，只是要刻得好，還是要經過一番訓練。

電動雕刻機插電使用，氣動雕刻機是接空氣壓縮機使用壓縮空氣轉動，電動雕刻機如下圖所示，雕刻機接頭有很多種，可雕可磨可鑽，所以又稱做刻磨機或雕刻筆。

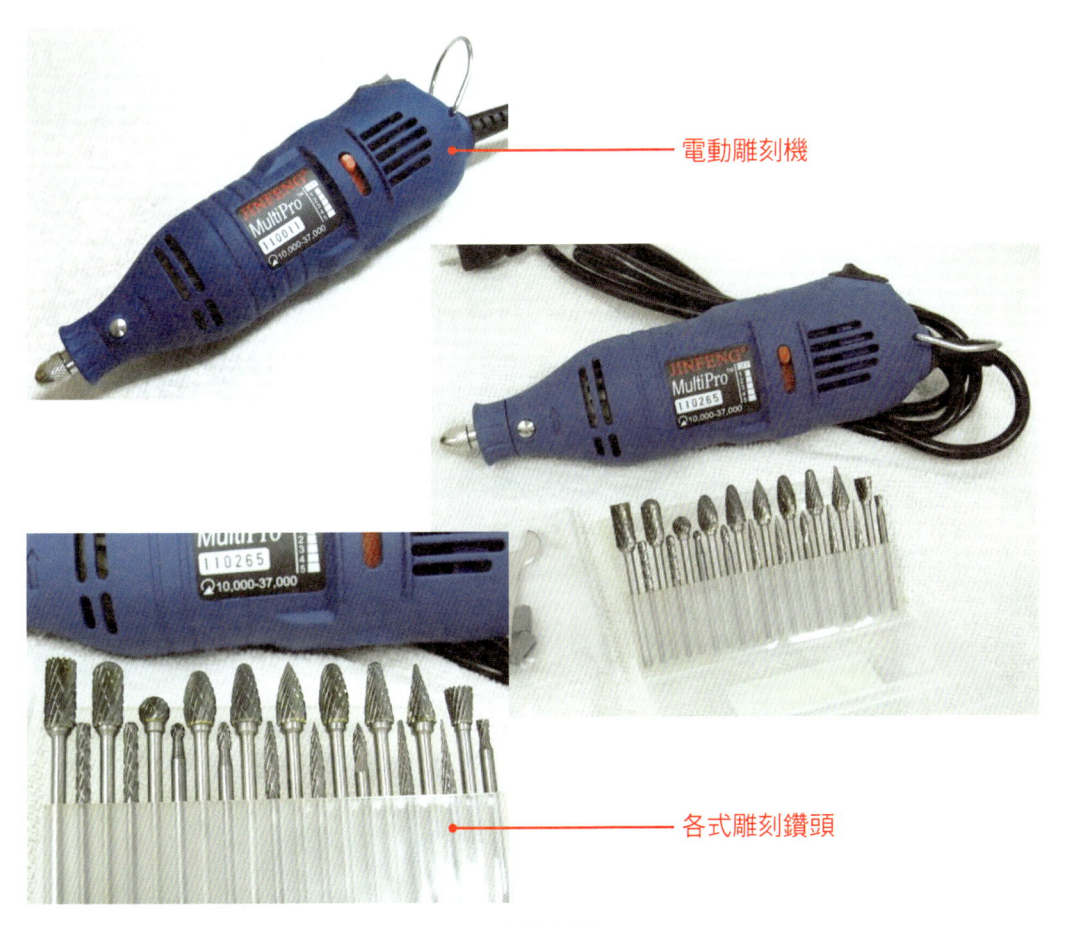

電動雕刻機

各式雕刻鑽頭

電動雕刻機

氣動雕刻機

方法 3　烙

木筆筆身是木頭材質，很適合用烙的方法簽名或畫圖，一般是使用電烙筆（也稱電烙鐵或電燒筆），如下圖所示，電烙筆要選用好握好操作的，不要選用銲接頭太長的銲接用電烙鐵。電烙筆的銲接頭有許多種，看是要烙細一點的字、烙粗一點的字、烙線、烙面、烙曲線…，木筆電烙也是要多加練習才會有較好的成果表現。

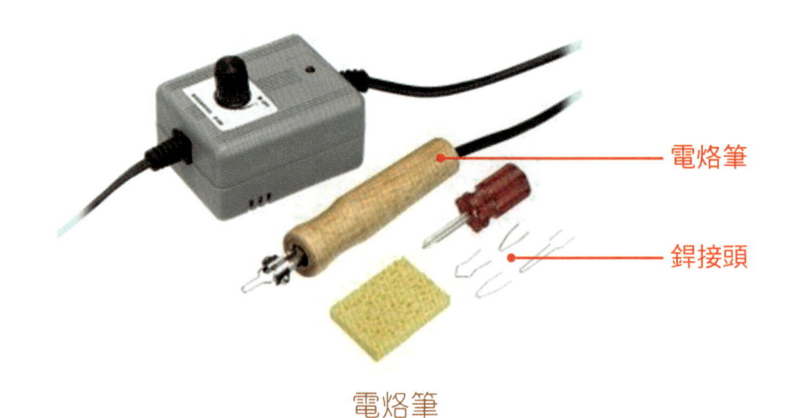

電烙筆
銲接頭

電烙筆

方法 4　雷射雕刻機

上述幾種方法雖然入門容易，不過技能這種東西並非在短時間之內一蹴即成，總是要經過一段時間的練習才可以運用自如，而雷射雕刻正是可以藉著電腦科技的幫助，讓我們很容易把想要的文字或圖案完整地呈現在木筆上。

雷射雕刻是利用雷射光的能量打在木筆上，讓木頭表面局部燃燒而產生圖案，所以雷射雕刻也算是烙的方式，但是它可以很精準地燒出圖案，尤其是細線條處理。電烙筆烙出來的線條比較寬，要練一練才可以烙出好圖案，但高手也是不能烙出細膩的圖案出來。

所以，現在木筆筆身要畫圖案或簽名寫字，幾乎都是使用雷射雕刻機進行雷雕，如下表所示。

Makeblock 激光寶盒智能雷雕機（標準版）

工作平臺
・特殊工藝處理
・不會變色

500 萬像素超廣角攝像頭
・結合 AI 圖像矯正演算法
・可視化操作

智能煙霧淨化器
・連接簡易
・智能調節風量

環形燈按鈕
・擺脫繁瑣的控制台
・一鍵切割

內置託盤
・接收碎屑
・及時清理

顯示面板	一鍵式控制，電腦軟體視覺化操作
雷射管	CO_2 封裝式玻璃管雷射
雷射功率	40W
智能鏡頭	500 萬像素，自動對焦識別材料 / 設置厚度
工作面積 (L×W)	500×300 mm（鏡頭可掃描範圍 422mm × 250mm）
外觀尺寸 (L×W×H)	958×528×268mm
輸入電壓	110V

雷射雕刻的作業程序如下：

(1) 決定圖案

如果是簽名，可以先簽名在紙上，用掃描機掃描到電腦中，轉成圖檔，便可以雷雕在作品上。同樣，圖案若是手繪，也是繪製在紙上，用掃描機掃描到電腦中，轉成圖檔。若文字要用電腦打，當然更方便，還可以選擇字形，圖案能夠從電腦網路中抓也是很方便。

(2) 放置木筆筆身

通常要雷雕的木筆，筆身車製好先不要組裝，將筆身放到雷射雕刻機內，並固定好準備雷雕。如果已經組裝成木筆作品了，能夠固定好也是可以雷雕。

(3) 放置木筆筆身

Step 1 當木筆固定好位置，就先操作雷射雕刻機鋅的雷雕頭到起點位置（包括 x 軸、y 軸和高度）。

Step 2 確定圖案在木筆雷雕的長寬範圍是否適當，太大或太小都可以經由電腦操作調整。

Step 3 設定雷射雕刻機的功率，這一項會影響雷射雕刻機的深淺度，功率太低，會雕得太淺顏色太淡；功率太高，會雕得太深顏色太重。

Step 4 等一切設定都好了，就開始啟動雷射雕刻機，雷射雕刻機的時間視機種而定，通常大型機種幾秒鐘就可以完成，小型機種可能要幾分鐘才可以完成。

筆記欄

筆記欄

筆記欄

筆記欄

筆記欄

木工筆套件包 6 件組

產品編號：3104001
建議售價：$1,600

台灣是世界主要的木工筆零件製造國家之一，台灣廠商生產筆套件外銷到世界各地，筆的種類也很多元，有鉛筆、毛筆、鋼筆、鋼珠筆、彩色筆、白板筆、粉筆、蠟筆……等，相信體驗過後，你將愛上木工筆 DIY 製作。一起進入 DIY 手創世界吧！

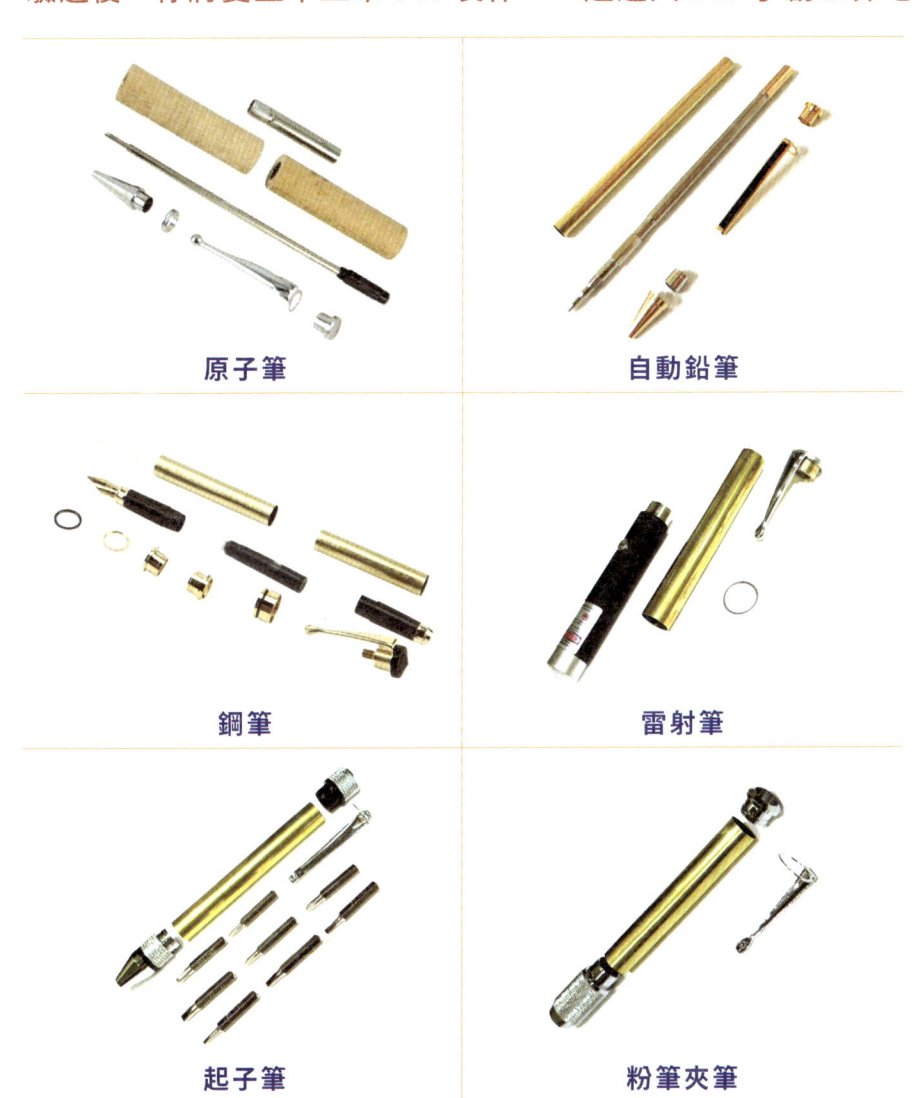

原子筆

自動鉛筆

鋼筆

雷射筆

起子筆

粉筆夾筆

Maker 指定教材

輕課程 創意動手做木製手工筆
書號：PN007
作者：汪永文
建議售價：$220

套件包僅含材料，製筆工具皆須另購。

產品編號	內容	材料清單	售價
3104001	原子筆	筆頭、傳動器、筆頂與筆夾、筆芯、中圈、木頭	1,600
	自動鉛筆	自動鉛筆筆頭、自動鉛筆筆芯、銅管、筆頂、筆夾、木頭	
	鋼筆	鋼筆筆頭、筆身、筆帽、中環、筆蓋、筆頂與筆夾、木頭、襯套	
	雷射筆	雷射筆筆頭、中圈、銅管、筆夾與筆頂、木頭 (需自備 AAA 電池 2 個)	
	起子筆	筆頭、銅管、筆夾、筆頂、螺絲起子、木頭	
	粉筆夾筆	筆頭、銅管、筆夾、筆頂、木頭	

※ 價格‧規格僅供參考 依實際報價為準

勁園‧紅動 www.ipoemaker.com

諮詢專線：02-2908-1696 或洽轄區業務
歡迎辦理師資研習課程

Makeblock 激光寶盒智能雷雕機（標準版）

產品編號：5001306
建議售價：$128,000

「激光寶盒」是一款桌上型智能雷雕機，專為教育和創造而設計。高清超廣角鏡頭結合 AI 電腦視覺演算法，使激光寶盒具備了「辨」的能力，從而實現智能材料識別、可視化操作、自動設置參數、自動對焦等革命性的功能。作為首個通過手繪來定義切割及雕刻的智能雷雕機，激光寶盒大大降低了雷雕使用難度。

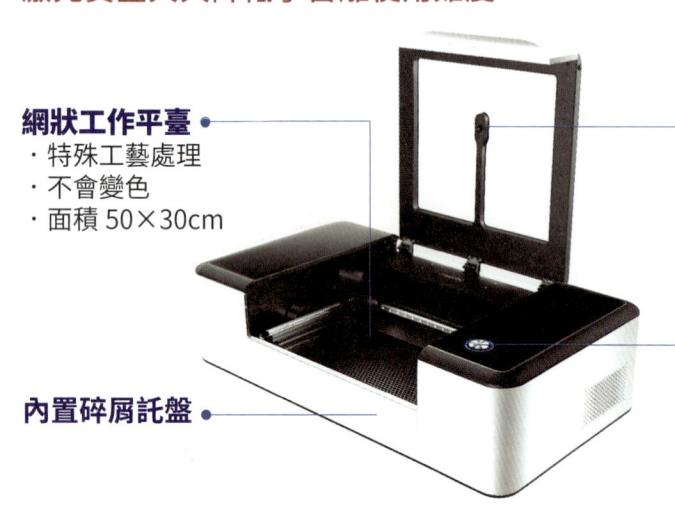

網狀工作平臺
- 特殊工藝處理
- 不會變色
- 面積 50×30cm

40W 功率雷射管 500 萬像素超廣角攝像頭
- 掃描面積 42×25cm

智能煙霧淨化器
- 智能調節風量
- 含一個高效濾心

環形燈按鈕，一鍵執行
- 擺脫繁瑣的控制台
- 所有設定都在電腦端軟體完成

內置碎屑託盤

※ 輸出電壓 110V

加購
到校安裝、說明方案，產品編號：4090001　建議售價：$5,000
激光寶盒煙霧淨化器濾芯包(3個裝)，產品編號：5001308　建議售價：$4,000

產品規格

顯示面板	一鍵式控制，電腦軟體視覺化操作。
雷射管與功率	CO_2 封裝式玻璃管雷射、40W
聚焦鏡	硒化鋅單片型月牙聚焦鏡，自動對焦/識別材料/設置厚度。
工作面積(LxW)	500×300 mm(可視化功能 422mm x 250mm)
升降平台	25 mm
最大切割深度	5mm（壓克力）
定位精度	0.1mm，使用紅外鐳射光源做輔助光源，全景鏡頭拍照，採用三角形測距法。
雕刻速度/解析度/精度	500mm/s、1000dpi(約 0.0254mm)
冷卻裝置	循環式水冷機
智能煙霧過濾	當前操作切割或雕刻，自動調整風量大小。
多重安全預警系統	內置8個高性能感測器，具備激光高溫預警、水冷系統異常預警、激光頭複位預警、攝像頭異常預警、濾芯堵塞預警等8重安全預警功能。
連接方式	Wi-Fi、USB、以太網路
資料檔案格式.	PS、AI、CorelDRAW、AutoCAD、Solidworks、AutoDraw 等 JPG、PNG、TIF、BMP、DXF、SVG、CR2 等
相容作業系統	LaserBox 操作軟體相容於 Windows、macOS。
安規認證	CE、FCC、FDA，符合 3C 標準
電壓與功率	輸入電壓 110V、全機總功率 350W
尺寸與重量	L 958 x W528 x H268 mm，40kg
適合加工材質	紙板、瓦楞紙板、木板、亞克力板、布料、皮革、墊板、雙色板、PET、橡膠、木皮、玻璃纖維、塑膠、可麗耐等。
標準配件	電源線、航空介面線、排煙管、管箍、蜂窩板、煙霧淨化器、濾芯、說明書、混合材料箱。
保固期	半年(主要零件、非耗材性零件)

※ 價格、規格僅供參考　依實際報價為準

勁園・紅動 www.ipoemaker.com
諮詢專線：02-2908-1696 或洽轄區業務
歡迎辦理師資研習課程

Makeblock 激光寶盒智能雷雕機（標準版）

產品特點
- 智能易用
- 強大相容
- 安全環保
- 豐富素材

所畫即所得，3 步即可完成切割
無需專業作圖軟體，只需在材料繪製出圖案，軟體將依照圖案進行切割／雕刻，三步即可讓創意快速成型。

智能識別材料，自動設置參數，自動對焦
通過識別材料上的環形碼，軟體自動設置好與當前材料匹配的參數。具備自動對焦功能，激光寶盒移動位置後，不需要再次校正。

自動掃描操作介面，在任意位置切割／雕刻
激光寶盒配備 500 萬像素廣角鏡頭，使雷射內的材料可顯示在軟體介面上，用戶可將導入的圖形拖曳到材料的任意位置，按下按鈕，開啟一鍵切割／雕刻。

智能圖像提取
你可以提取任意物體（書籍，畫冊等）表面上的圖案到軟體中，並將其應用到自己的創作中。

智能路徑規劃，工時預覽，任務即時同步
激光寶盒內置智慧路徑規劃演算法，大幅提升雷射的工作效率，你可以在軟體介面即時查看工作進度和剩餘時間，時刻掌控你的工作進程。

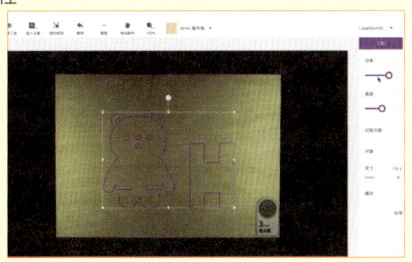

開蓋即停，智慧煙霧淨化，安全節能環保
智慧煙霧淨化器會在雷射工作時自動開啟，並根據當前操作（切割／雕刻）自動調整風量大小，將切割產生的煙霧吸走並過濾。

選購耗材
以下皆含環形碼，可智能識別材料、自動設置參數、自動對焦

產品編號	品名	每箱片數	每片尺寸	建議售價
0191001	iPOE 1.8mm 椴木板	100	300x200mm	1,850
0191002	iPOE 2.5mm 椴木板	100		3,250
0191003	iPOE 3.0mm 椴木板	100		3,150
0191004	iPOE 5.0mm 椴木板	50		1,900
0191006	iPOE 3.0mm 歐洲密集板	100		2,200
0191008	iPOE 3.0mm 透明壓克力	100		5,750
0191009	iPOE 5.0mm 透明壓克力	50		4,800

Maker 指定教材
輕課程 玩轉創意雷雕與實作 使用激光寶盒 LaserBox（範例 download）
書號：PN004
作者：許栢宗・木百貨團隊
建議售價：$300

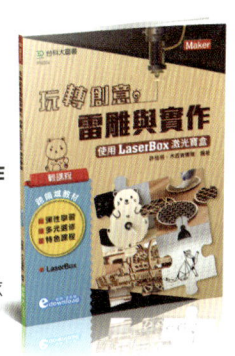

勁園・紅動 www.ipoemaker.com

諮詢專線：02-2908-1696 或洽轄區業務
歡迎辦理師資研習課程

※ 價格・規格僅供參考　依實際報價為準